▲ 实例：转场特效，酷炫的切换效果

▲ 练习实例：制作空间转换特效

黄昏美景
huang hun mei jing

▲ 综合实例：使用滤色抠出文字

▲ 综合实例：制作文字分割插入效果

▲ 练习实例：制作《旅行大片》风光视频

▲ 综合实例：呈现我脑海中的你

▲ 综合实例：制作抖音热门光影特效

▲ 综合实例：一人饰演两个角色

▲ 综合实例：人物定格逐渐消失

▲ 综合实例：制作电影中的卷轴开幕特效

▲ 综合实例：制作《下班回家》生活视频

# 剪映

## 短视频剪辑从入门到精通

### 手机版 + 电脑版

新镜界　编著

中国水利水电出版社
www.waterpub.com.cn
·北京·

## 内 容 提 要

　　《剪映短视频剪辑从入门到精通（手机版＋电脑版）》从如何剪辑和制作精美视频的角度出发，分别介绍了剪映手机版和电脑版的用法和技巧，技术点包括分割、定格、变速、蒙版、特效、转场、动画、滤镜、调色、文字、合成、抠图、卡点、音频、音效、贴纸以及关键帧等。

　　全书通过 10 多个知识点、50 多个实例实战演练、170 多分钟的教学视频、200 多个素材效果、1000 多张图片全程图解，帮助读者在短时间内从入门到精通，成为剪映短视频后期剪辑高手。全书分为两大篇幅，分别如下：

　　剪映手机版：主要介绍剪映手机版的基础入门、色彩艺术、视频特效、字幕效果、动感音效以及卡点特效等，帮助大家提升创作水平和剪辑功底。

　　剪映电脑版：主要介绍使用剪映电脑版制作合成特效、影视特效、电影大片、动态相册、爆款文字以及热门 Vlog 等，帮助大家轻松剪出视频大片。

　　本书既适合广大视频爱好者、抖音玩家和想要寻求突破的视频后期人员阅读，也适合想学习剪映的初、中级读者阅读；既可以作为高等院校影视、剪辑等相关专业的教材使用，也可以满足剪辑爱好者和旅游爱好者等人群学习视频剪辑的需求，帮助大家轻松掌握视频剪辑技巧。

**图书在版编目（CIP）数据**

剪映短视频剪辑从入门到精通 / 新镜界编著 . —北
京 : 中国水利水电出版社，2022.6（2024.6 重印）

ISBN 978-7-5226-0646-0

Ⅰ.①剪… Ⅱ.①新… Ⅲ.①视频编辑软件

Ⅳ.① TP317.53

中国版本图书馆 CIP 数据核字 (2022) 第 066649 号

| 书　　名 | 剪映短视频剪辑从入门到精通（手机版＋电脑版）<br>JIANYING DUANSHIPIN JIANJI CONG RUMEN DAO JINGTONG |
|---|---|
| 作　　者 | 新镜界　编著 |
| 出版发行 | 中国水利水电出版社<br>（北京市海淀区玉渊潭南路 1 号 D 座 100038）<br>网址：www.waterpub.com.cn<br>E-mail: zhiboshangshu@163.com<br>电话：（010）62572966-2205/2266/2201（营销中心） |
| 经　　售 | 北京科水图书销售有限公司<br>电话：（010）68545874、63202643<br>全国各地新华书店和相关出版物销售网点 |
| 排　　版 | 北京智博尚书文化传媒有限公司 |
| 印　　刷 | 河北文福旺印刷有限公司 |
| 规　　格 | 170mm×240mm　16 开本　16.5 印张　298 千字　2 插页 |
| 版　　次 | 2022 年 6 月第 1 版　2024 年 6 月第 7 次印刷 |
| 印　　数 | 47001—52000 册 |
| 定　　价 | 89.80 元 |

凡购买我社图书，如有缺页、倒页、脱页的，本社营销中心负责调换

# 前　言

剪映是由抖音官方出品的视频后期剪辑软件，其先后推出了手机版和电脑版，更有海量素材库免费提供给大家使用。

剪映手机版，功能齐全、操作简单，用户只要有一部手机在手，无论身处何地都可以进行视频剪辑；而剪映电脑版则拥有清晰的操作界面、强大的面板功能，以及适合电脑端用户的软件布局，同时也延续了手机版全能易用的操作风格，能够适用于各种专业的中、长视频剪辑。

## ■ 显著特色

### 1. 配套视频讲解，手把手教你学习

本书配备了 59 个实例同步教学视频，大家可以边学边看，如同老师在身边手把手教学，帮助用户轻松、高效地学习。

### 2. 扫一扫二维码，随时随地看视频

本书在每个实例处都放了二维码，使用手机扫一扫，就可以随时随地在手机上观看效果视频和教学视频。

### 3. 本书内容全面，短期内快速上手

本书体系完整，几乎涵盖了手机版和电脑版双版剪映中的所有常用功能和工具，采用"知识点 + 实例 + 练习实例 + 综合实例"的模式编写，循序渐进地教学，可以让读者轻松学习、快速上手。

### 4. 实例非常丰富，强化动手能力

本书每章都安排了相关知识点，有助于读者巩固知识，提前预习了解要学习的功能和技巧；"实例"和"综合实例"便于读者动手操作，在模仿中学习；"练习实例"可以帮助读者加深印象，熟悉实战流程，为将来的剪辑工作奠定基础。

### 5. 提供实例素材，配套资源完善

为了方便读者对本书实例的学习，特别提供了与实例相配套的素材文件和效果文件，帮助大家掌握本书中精美实例的创作思路和制作方法，查看效果，对比学习。

## ■ 资源获取

本书提供实例的素材文件和效果文件，读者使用手机微信扫一扫下面的二维码，关注公众号，输入 JY06460 至公众号后台，即可获取本书的相应资源的下载链接。将该链接复制到计算机浏览器的地址栏中（一定要复制到计算机浏览器的地址栏中），根据提示进行下载。

读者可加入本书的读者交流圈，与其读者学习交流，或查看本书的相关资讯。

设计指北公众号

读者交流圈

## ■ 特别提醒

需要特别提醒的是，在编写本书时，编者是基于当前软件截取实际操作图片，但本书从编辑到出版需要一段时间，在这段时间里，软件界面与功能可能会有调整与变化，比如有的内容删除了，有的内容增加了，这是软件开发商进行的更新，请各位读者在阅读时，根据书中的思路举一反三地进行学习。

本书及附赠的资源文件所采用的图片、模板、音频及视频等素材均为所属公司、网站或个人所有，本书引用仅为说明（教学）之用，绝无侵权之意，特此声明。

## ■ 本书编者

本书由新镜界组织编写。新镜界核心成员为长沙市摄影家协会会员、湖南省摄影家协会会员、中国摄影家协会会员、"手机摄影构图大全"公众号创始人、京东直播 7000 人摄影讲师、芒果大 V 线下千人特约讲师、湖南卫视线下摄影培训讲师、千聊等网络平台手机摄影直播讲师、畅销书作家、长沙市作家协会会员、湖南省作家协会会员。其拍摄剪辑的短视频"一镜看长沙 · 大河西"，在抖音播放量达 40 万 ＋ 阅读量；其拍摄的延时摄影短视频，入选 CCTV-1、CCTV-3 播出的 2021 年国庆晚会《中国梦 · 祖国颂》；其编写的多本摄影书、剪映教程，数次荣登当当、京东畅销书榜首。另外，参加此书编写的人员还有刘华敏等。

由于时间仓促，书中难免存在疏漏与不妥之处，欢迎广大读者来信咨询和指正，可发送至邮箱 zhiboshangshu@163.com，或者在读者交流圈中交流或留言。

编　者

2022 年 4 月

# 目　录

## 剪映手机版

# 剪映电脑版

# 剪映

## 手机版

## 第 1 章

# 基础入门：剪映软件快速上手

■ **本章要点**

　　本章是剪映入门的基础篇，主要介绍剪映界面、导入素材、缩放轨道、变速功能、定格功能、磨皮瘦脸、添加特效、色度抠图以及一键成片等基本操作方法，帮助大家打好基础，为后面的学习奠定良好的基础。

## 1.1 剪映界面：快速认识后期剪辑

剪映 App 是一款功能非常全面的手机剪辑软件，能够让用户在手机上轻松完成短视频剪辑。在手机屏幕上点击"剪映"图标，打开剪映 App，如图 1-1 所示。进入"剪映"主界面，点击"开始创作"按钮，如图 1-2 所示。

图 1-1　点击"剪映"图标　　　　　　　图 1-2　点击"开始创作"按钮

进入"最近项目"界面，在其中选择相应的视频或照片素材，如图 1-3 所示。

图 1-3　选择相应的视频或照片素材

点击"添加"按钮，即可成功导入相应的视频或照片素材，并进入编辑界面，其界面组成如图 1-4 所示。

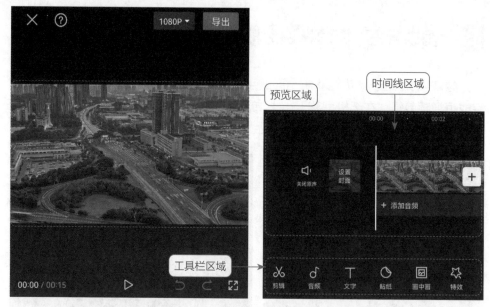

图 1-4　编辑界面的组成

在预览区域左下角的时间，表示当前时长和视频的总时长。点击预览区域右下角的■按钮，可全屏预览视频效果，如图 1-5 所示。点击▶按钮，即可播放视频，如图 1-6 所示。

用户在进行视频编辑操作后，点击预览区域右下角的撤回按钮↺，即可撤销上一步的操作。点击恢复按钮↻，即可恢复撤销的操作。

图 1-5　全屏预览视频效果

图 1-6　播放视频

## 1.2 导入素材：增加视频的丰富度

认识了剪映 App 的操作界面后，即可开始学习如何导入素材。在时间线区域的视频轨道上，点击右侧的 + 按钮，如图 1-7 所示。进入"最近项目"界面，在其中选择相应的视频或照片素材，如图 1-8 所示。

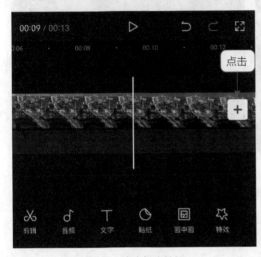

图 1-7　点击相应按钮　　　　　　　　　　图 1-8　选择相应素材

点击"添加"按钮，即可在时间线区域的视频轨道上添加一个新的视频素材，如图 1-9 所示。

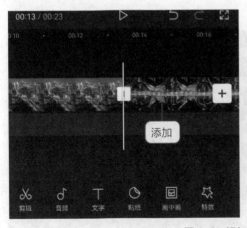
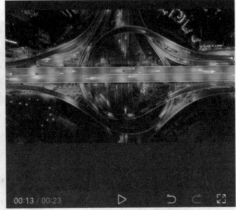

图 1-9　添加新的视频素材

除了以上导入素材的方法外，用户还可以点击"开始创作"按钮，进入"最近项目"界面，在"最近项目"界面中，点击"素材库"按钮，如图 1-10 所示。

剪映素材库内置了丰富的素材，进入该界面后，可以看到有黑白场、转场片段、搞笑片段、故障动画、片头以及时间片段等素材，如图 1-11 所示。

图 1-10　点击"素材库"按钮

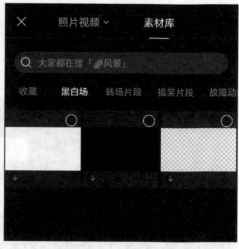

图 1-11　"素材库"界面

例如，用户想要做一个倒计时的片头，❶ 在"片头"选项卡中选择倒计时片头素材片段；❷ 点击"添加"按钮；❸ 把素材添加到视频轨道中，如图 1-12 所示。

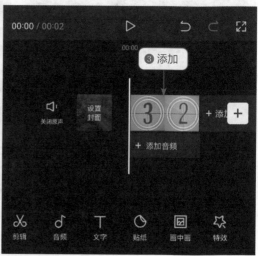

图 1-12　添加倒计时片头素材片段

## 1.3 缩放轨道：方便视频精细剪辑

在时间线区域中，有一根白色的垂直线条，叫作时间轴，上面为时间刻度，我们可以在时间线上任意滑动视频，查看导入的视频或效果。在时间线上可以看到视频轨道和音频轨道，还可以增加字幕轨道，如图 1-13 所示。

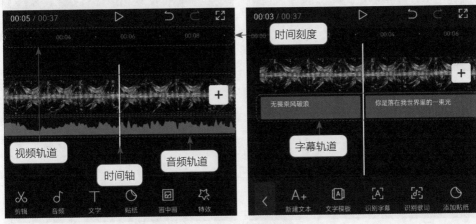

图 1-13　时间线区域

用双指在视频轨道上捏合，可以缩小时间线；反之，用双指在视频轨道上滑开，可以放大时间线，如图 1-14 所示。

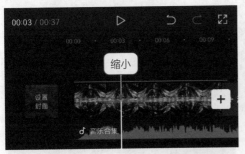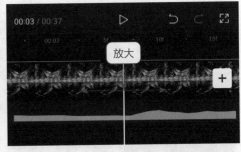

图 1-14　缩放时间线

## 1.4 实例：变速功能，蒙太奇变速的效果

扫一扫　看效果　　　　　　扫一扫　看视频

【效果展示】"变速"功能能够改变视频的播放速度，让画面更具动感。在剪映中选择"蒙太奇"变速模式，可以使视频的播放速度随着背景音乐的变化而变化，时快时慢，效果如图 1-15 所示。

图 1-15 蒙太奇"变速"功能效果展示

下面介绍使用剪映 App 制作蒙太奇变速短视频的操作步骤。

步骤 01 ❶ 在剪映 App 中导入一段视频素材；❷ 为视频素材添加合适的背景音乐，如图 1-16 所示。

步骤 02 点击"剪辑"按钮，进入剪辑界面，在剪辑二级工具栏中点击"变速"按钮，如图 1-17 所示。

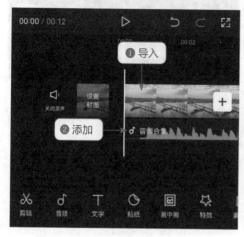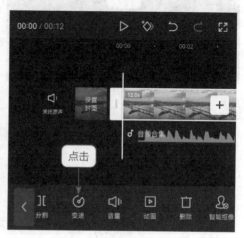

图 1-16 导入视频素材并添加背景音乐 图 1-17 点击"变速"按钮

步骤 03 执行操作后，进入三级工具栏，剪映 App 提供了"常规变速"和"曲线变速"两种功能，如图 1-18 所示。

步骤 04 点击"常规变速"按钮，进入相应编辑界面，拖曳红色的圆环滑块，如图 1-19 所示，可以调整整段视频的播放速度。

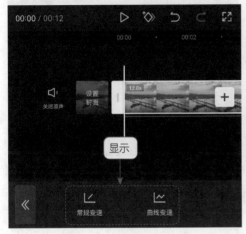

图 1-18　显示变速操作菜单

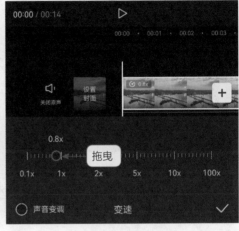

图 1-19　拖曳滑块

步骤 05 点击 ✓ 按钮，返回三级工具栏，点击"曲线变速"按钮，进入"曲线变速"编辑界面，如图 1-20 所示。

步骤 06 选择"自定"选项并点击"点击编辑"按钮，如图 1-21 所示。

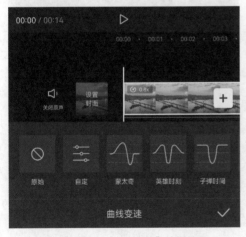

图 1-20　进入"曲线变速"编辑界面

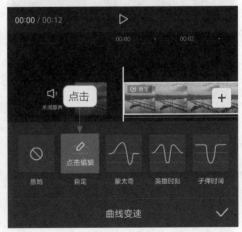

图 1-21　点击"点击编辑"按钮

步骤 07 进入"自定"编辑界面，系统会自动添加一些变速点，❶ 拖曳时间轴至相应变速点上；❷ 向上拖曳该变速点，如图 1-22 所示，即可加快播放速度。

步骤 08 ❶ 拖曳时间轴至相应变速点上；❷ 向下拖曳该变速点，如图 1-23

所示，即可放慢播放速度。

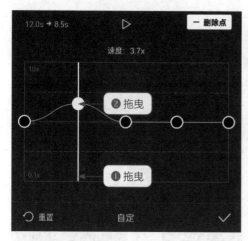

图 1-22　向上拖曳变速点

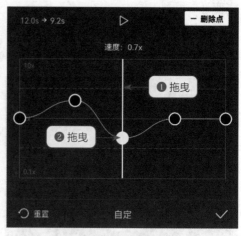

图 1-23　向下拖曳变速点

步骤 09 点击 ✓ 按钮，返回到"曲线变速"编辑界面，选择"蒙太奇"选项，如图 1-24 所示。

步骤 10 点击"点击编辑"按钮，进入"蒙太奇"编辑界面，将时间轴拖曳到需要进行变速处理的位置，如图 1-25 所示。

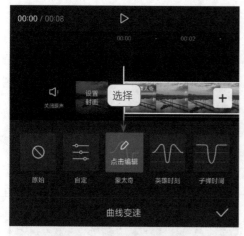

图 1-24　选择"蒙太奇"选项

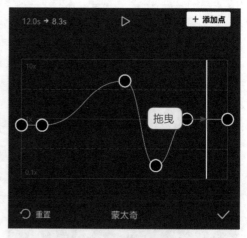

图 1-25　拖曳时间轴至相应位置

步骤 11 点击"＋添加点"按钮，添加一个变速点，效果如图 1-26 所示。

步骤 12 将时间轴拖曳到需要删除的变速点上，如图 1-27 所示。

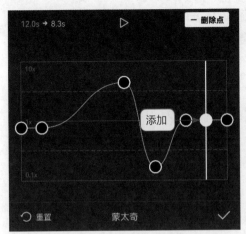

图 1-26 添加变速点效果

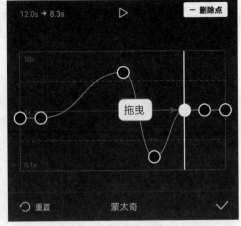

图 1-27 拖曳时间轴至相应变速点

步骤 13 点击"－删除点"按钮，删除所选的变速点，效果如图 1-28 所示。

步骤 14 根据背景音乐的节奏，调整变速点的位置，即可完成曲线变速的调整，效果如图 1-29 所示。

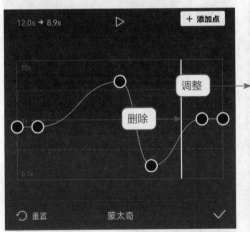

图 1-28 删除变速点效果

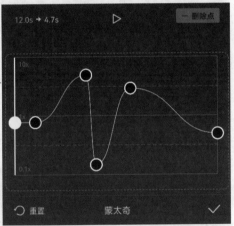

图 1-29 调整变速点位置效果

## 1.5 实例：定格功能，制作拍照定格效果

扫一扫 看效果

扫一扫 看视频

【效果展示】"定格"功能能够将视频中的某一帧画面定格并持续 3 秒。在视频的精彩部分使用"定格"功能，可以使画面像被照相机拍成了照片一样定格，3 秒后画面又会继续播放，效果如图 1-30 所示。

图 1-30 "定格"功能效果展示

下面介绍使用剪映 App 制作拍照定格效果的操作步骤。

步骤 01 ❶ 在剪映 App 中导入并选择视频素材；❷ 在二级工具栏中点击"音频分离"按钮，如图 1-31 所示。

步骤 02 执行操作后，即可分离视频中的背景音乐，如图 1-32 所示。

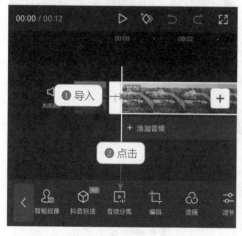

图 1-31 点击"音频分离"按钮　　　　图 1-32 分离视频中的背景音乐

**步骤 03** 返回一级工具栏，点击底部的"剪辑"按钮，如图 1-33 所示。

**步骤 04** 进入剪辑二级工具栏，❶ 拖曳时间轴至需要定格的位置处；❷ 在剪辑二级工具栏中点击"定格"按钮，如图 1-34 所示。

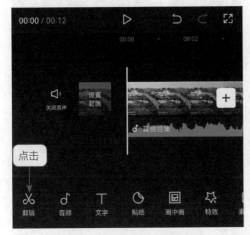

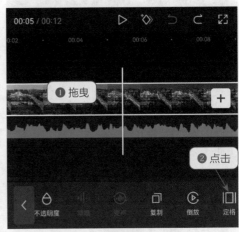

图 1-33 点击"剪辑"按钮　　　　　　　图 1-34 点击"定格"按钮

**步骤 05** 执行操作后，即可自动分割视频并生成定格片段，该片段将持续 3 秒，如图 1-35 所示。

**步骤 06** 返回主界面，依次点击"音频"按钮和"音效"按钮，在"机械"音效选项卡中选择"拍照声 1"选项，如图 1-36 所示。

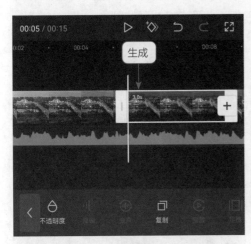

图 1-35 生成定格片段　　　　　　　　图 1-36 选择"拍照声 1"选项

**步骤 07** 点击"使用"按钮，添加一个拍照音效，并将音效调整至合适位置，如图 1-37 所示。

**步骤 08** 返回主界面，点击"特效"按钮和"画面特效"按钮，在"基础"

特效选项卡中选择"逆光对焦"特效，如图 1-38 所示。

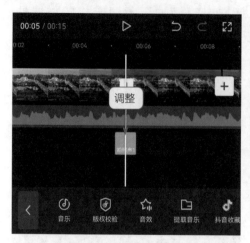

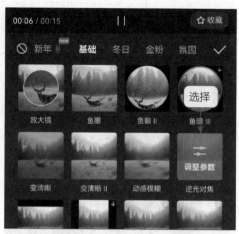

图 1-37　调整音效位置　　　　　　　　　　图 1-38　选择"逆光对焦"特效

▶ 专家提醒

　　选择特效后，点击"调整参数"按钮，即可对特效进行参数调整，如调整 "逆光对焦"特效的曝光程度、对焦的速度和模糊的程度等。

步骤 09 点击 ✓ 按钮，即可添加一个"逆光对焦"特效，如图 1-39 所示。

步骤 10 适当调整"逆光对焦"特效的持续时间，将其缩短到与音效的时长基本一致，如图 1-40 所示，至此便完成了拍照定格效果的制作。

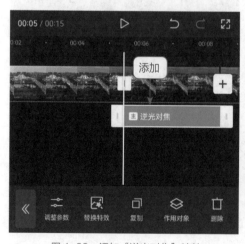

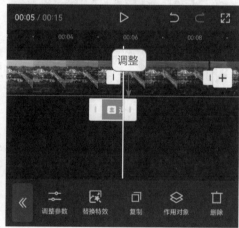

图 1-39　添加"逆光对焦"特效　　　　　　　图 1-40　调整特效的持续时间

## 1.6 实例：磨皮瘦脸，打造人物精致容颜

扫一扫 看效果

扫一扫 看视频

【效果展示】"磨皮瘦脸"功能对人物的皮肤和脸型起到了美化作用。为人物进行磨皮和瘦脸后，人物的皮肤变得更加细腻了，脸蛋也更娇小了，效果如图 1-41所示。

图 1-41 "磨皮瘦脸"功能效果展示

下面介绍使用剪映 App 打造人物精致容颜的操作步骤。

步骤 01 在剪映 App 中导入一段素材，点击"剪辑"按钮，如图 1-42 所示。

步骤 02 点击剪辑二级工具栏中的"美颜美体"按钮，如图 1-43 所示。

步骤 03 进入三级工具栏中，点击"智能美颜"按钮，如图 1-44 所示。

步骤 04 进入"智能美颜"编辑界面，❶ 选择"磨皮"选项；❷ 向右拖曳滑块，如图 1-45 所示，使得人物的皮肤更加细腻。

步骤 05 ❶ 选择"瘦脸"选项；❷ 向右拖曳滑块，如图 1-46 所示，使人物的脸型更加完美。至此，已完成磨皮瘦脸，打造人物精致容颜的操作。

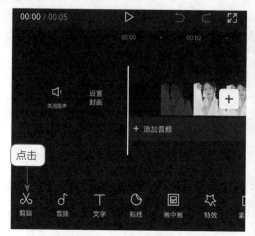

图 1-42　点击"剪辑"按钮

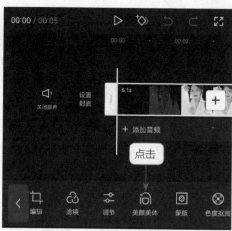

图 1-43　点击"美颜美体"按钮

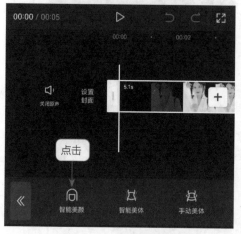

图 1-44　点击"智能美颜"按钮

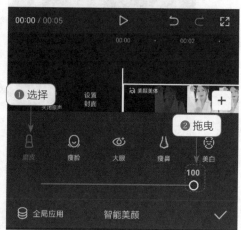

图 1-45　拖曳"磨皮"滑块

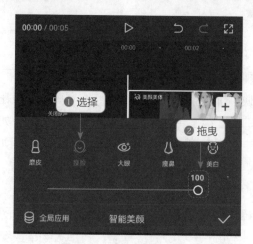

图 1-46　拖曳"瘦脸"滑块

➡**专家提醒**

> 除了可以磨皮瘦脸外，用户还可以根据需要，对视频中的人物进行美白、大眼以及美体等操作，使人物变得更加好看。

## 1.7 实例：添加特效，丰富画面渲染氛围

扫一扫　看效果

扫一扫　看视频

【效果展示】添加特效能够丰富短视频画面的内容，提高短视频的档次。例如，在视频的开始位置添加"变清晰"特效，在画面模糊变清晰的位置添加"泡泡"特效，可以为视频画面渲染氛围，使单调的画面变得更加丰富，效果如图 1-47 所示。

图 1-47　添加特效后的效果展示

下面介绍使用剪映 App 为视频添加特效的操作步骤。

步骤 01 ❶ 在剪映 App 中导入一段素材并调整素材时长为 6 秒；❷ 点击

一级工具栏中的"特效"按钮，如图 1-48 所示。

步骤 02 进入二级工具栏，点击"画面特效"按钮，进入特效界面，可以看到里面有"基础""冬日""金粉""氛围"等特效选项卡，切换至"基础"选项卡，如图 1-49 所示。

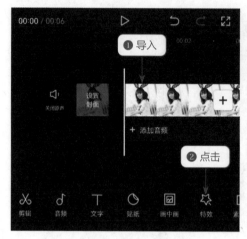

图 1-48　点击"特效"按钮

图 1-49　切换至"基础"选项卡

步骤 03 在其中选择"变清晰"特效，如图 1-50 所示。

步骤 04 点击 ✓ 按钮返回，拖曳特效右侧的白色拉杆，调整"变清晰"特效的时长为 2 秒左右，如图 1-51 所示。

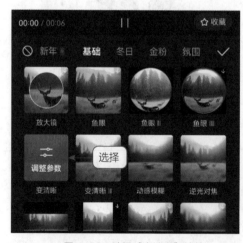

图 1-50　选择"变清晰"特效

图 1-51　调整"变清晰"特效的时长

步骤 05 点击 « 按钮返回，点击"画面特效"按钮，如图 1-52 所示。

步骤 06 在"氛围"选项卡中选择"泡泡"特效，如图 1-53 所示。执行操作后，返回调整特效时长即可。

图 1-52　点击"画面特效"按钮　　　　图 1-53　选择"泡泡"特效

## 1.8　实例：色度抠图，无中生有合成视频

扫一扫　看效果　　　　　　　　　　扫一扫　看视频

【效果展示】"色度抠图"是剪映中一种非常实用的功能，只要选择绿幕素材中需要抠除的绿色，再对该颜色的强度和阴影进行调节，即可抠除不需要的绿色，留下素材中需要抠取出来的内容，使其与背景视频相融合，效果如图 1-54 所示。

图 1-54　抠图效果展示

下面介绍使用剪映 App 对绿幕素材进行抠图、合成视频的操作步骤。

步骤 01 ❶ 在剪映 App 中导入一段素材；❷ 点击一级工具栏中的"画中画"按钮，如图 1-55 所示。

步骤 02 进入二级工具栏，点击"新增画中画"按钮，如图 1-56 所示。

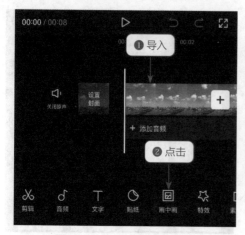

图 1-55　点击"画中画"按钮

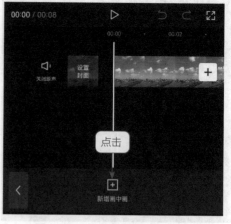

图 1-56　点击"新增画中画"按钮

步骤 03 进入"照片视频"界面，切换至"素材库"界面，如图 1-57 所示。

步骤 04 在"绿幕素材"选项卡中，❶ 选择飞机飞过的绿幕素材；❷ 点击"添加"按钮，如图 1-58 所示。

图 1-57　切换至"素材库"界面

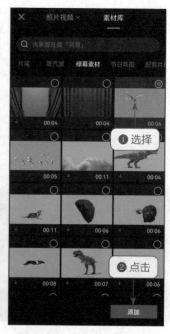

图 1-58　点击"添加"按钮

步骤 05 执行操作后，即可将绿幕素材添加到画中画轨道中，如图 1-59 所示。

步骤 06 在预览区域调整绿幕素材的画面大小，使其占满屏幕，如图 1-60 所示。

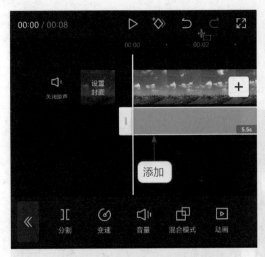

图 1-59 添加绿幕素材　　　　　　　　图 1-60 调整绿幕素材的画面大小

步骤 07 ❶ 拖曳时间轴至飞机出来的位置；❷ 点击工具栏中的"色度抠图"按钮，如图 1-61 所示。

步骤 08 执行操作后，进入"色度抠图"界面，预览区域会出现一个取色器，拖曳取色器至需要抠除颜色的位置，如图 1-62 所示。

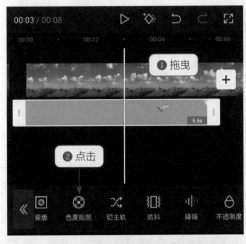

图 1-61 点击"色度抠图"按钮　　　　　　图 1-62 拖曳取色器

→ 专家提醒

　　注意，当"强度"参数发生改变时，取色器便会消失，所以这里改变"强度"参数后便看不见取色器了。并且"强度"参数越大，与所选颜色越相近的画面被抠除的区域范围就越大。

步骤 09 ❶选择"强度"选项；❷拖曳滑块，将其参数设置为100，如图1-63所示，调整颜色的抠除强弱。

步骤 10 ❶选择"阴影"选项；❷拖曳滑块，将其参数同样设置为100，如图1-64所示。执行操作后，即可完成抠图，合成视频。

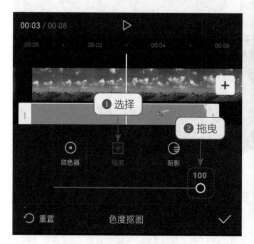
图1-63 设置"强度"参数

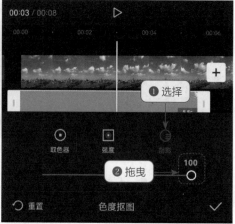
图1-64 设置"阴影"参数

## 1.9 实例：一键成片，挑选模板直接套用

扫一扫 看效果

扫一扫 看视频

【效果展示】"一键成片"是剪映App为了方便用户剪辑推出的一个功能，操作简单，实用性也非常强，用户可以选用几个视频素材直接套用模板生成视频，效果如图1-65所示。

图1-65 一键成片效果展示

图 1-65（续）

下面介绍剪映 App "一键成片" 功能的操作步骤。

步骤 01 打开剪映 App，在主界面中点击"一键成片"按钮，如图 1-66 所示。

步骤 02 进入"照片视频"界面，❶ 选择需要剪辑的素材；❷ 点击"下一步"按钮，如图 1-67 所示。

图 1-66 点击"一键成片"按钮

图 1-67 点击"下一步"按钮

步骤 03 执行操作后，显示合成效果的进度，如图 1-68 所示。

步骤 04 稍等片刻视频即可制作完成，❶ 并自动播放预览；❷ 下方还提供了其他的视频模板，如图 1-69 所示。

步骤 05 用户可自行选择喜欢的模板，点击"点击编辑"按钮，如图 1-70 所示。

步骤 06 默认进入"视频编辑"界面，❶ 点击下方的"点击编辑"按钮；❷ 选择"拍摄""替换""裁剪"或"音量"来编辑素材，如图 1-71 所示。

图 1-68　显示合成效果的进度

图 1-69　提供的视频模板

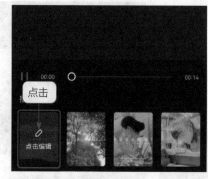

图 1-70　点击"点击编辑"按钮

图 1-71　选择相应功能

步骤 07 编辑完成后，点击"导出"按钮，如图 1-72 所示。

步骤 08 进入"导出设置"界面，点击"无水印保存并分享"按钮，如图 1-73 所示，将视频导出保存。

图 1-72　点击"导出"按钮

图 1-73　点击"无水印导出并分享"按钮

## 1.10　练习实例：横版视频轻松变成竖版视频

扫一扫　看效果　　　　　　　　　　扫一扫　看视频

【效果展示】抖音、快手等短视频平台发布的视频都是竖版设置，因此在剪映中可以为横版视频设置比例和旋转角度，更改视频的画幅样式，让视频适应平台，从而得到更好的传播效果，如图 1-74 所示。

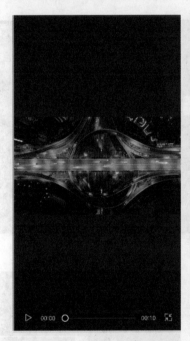

图 1-74　横版视频和竖版视频前后对比效果展示

下面介绍在剪映 App 中将横版视频转变为竖版视频的操作步骤。

步骤 01 打开剪映 App，❶ 导入一段横版的视频素材；❷ 点击"比例"按钮，如图 1-75 所示。

步骤 02 进入二级工具栏，选择 9:16 选项，如图 1-76 所示。

步骤 03 执行操作后，即可将视频的画布比例改为竖幅样式，如图 1-77 所示。

步骤 04 返回一级工具栏，点击"剪辑"按钮，如图 1-78 所示。

步骤 05 进入二级工具栏，点击"编辑"按钮，如图 1-79 所示。

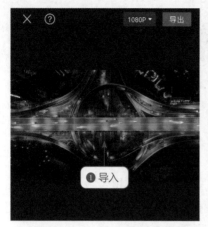
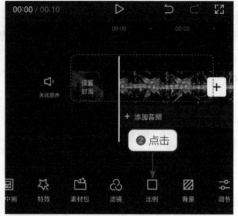

图 1-75　导入一段视频并点击"比例"按钮

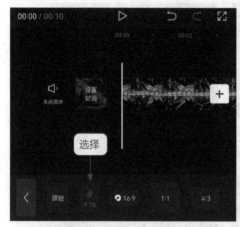

图 1-76　选择 9:16 选项

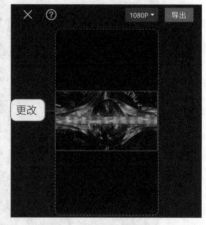

图 1-77　更改视频的画布比例

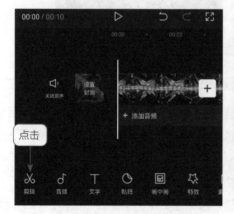

图 1-78　点击"剪辑"按钮

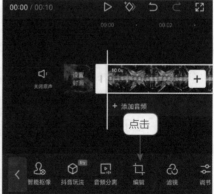

图 1-79　点击"编辑"按钮

**步骤 06** 进入三级工具栏，点击"旋转"按钮，如图 1-80 所示。

**步骤 07** 执行操作后，即可将横版视频改为竖版视频，如图 1-81 所示。

 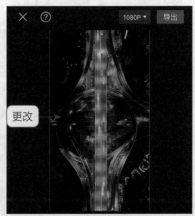

图 1-80　点击"旋转"按钮　　　　图 1-81　将横版视频改为竖版

### 专家提醒

　　在"编辑"工具栏中，有"旋转""镜像"和"裁剪"3 个按钮，点击"镜像"按钮，可以使视频画面水平翻转；点击"裁剪"按钮，进入"裁剪"界面后，下方有角度刻度调整工具和画布比例选项，左右滑动角度刻度调整工具，可以调整画面的角度，也可以选择下方的画布比例选项，根据需要选择相应的比例裁剪画面。

# 第2章

# 色彩艺术：调出心动的网红色调

## ◼ 本章要点

如今，人们的欣赏眼光越来越高，喜欢追求更有创造性的短视频作品。因此，在后期对短视频的色调进行处理时，不仅要突出画面主体，还需要表现出适合主题的艺术气息，实现完美的色调视觉效果。本章主要介绍在剪映中进行调色的操作技巧。

## 2.1　认识调色滤镜界面

剪映 App 的"滤镜"素材库中提供的滤镜效果非常丰富，而且滤镜效果还能叠加使用，非常方便。用户打开剪映 App 后，进入编辑界面，❶ 在一级工具栏中点击"滤镜"按钮；❷ 进入"滤镜"素材库，如图 2-1 所示。在"精选"选项卡中有多款当下热门和常用的滤镜效果，如"奶绿"滤镜、"冷透"滤镜以及"姜饼红"滤镜等，风格多样、场景适用性强，可以减少用户挑选的时间。

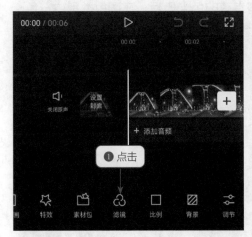

图 2-1　进入"滤镜"素材库

❶ 切换至"风格化"选项卡；❷ 可以在 11 款"风格化"滤镜效果中选择适合视频画面的滤镜效果；❸ 拖曳滑块可以调整滤镜的使用程度，如图 2-2 所示，参数越小表示滤镜的使用程度越低，参数越大表示滤镜的使用程度越高。

图 2-2　拖曳滑块调整滤镜的使用程度

## 2.2 认识并了解色卡

色卡作为一种颜色预设工具，用来调色是非常新颖的，因此这是不常见却又非常实用的一款调色工具。在剪映中运用色卡调色离不开混合模式的设置，二者相辅相成，都是剪映实用调色的法宝。

在百度百科上对于色卡是这样解释的："色卡是自然界存在的颜色在某种材质上的体现，用于色彩选择、比对、沟通，是色彩实现在一定范围内统一标准的工具。"各种与颜色有关的行业，都会有专有的色卡模板。在调色类别中，色卡则是一款底色工具，用来快速调出其他色调。图 2-3 是单色色卡和渐变色色卡的模板。

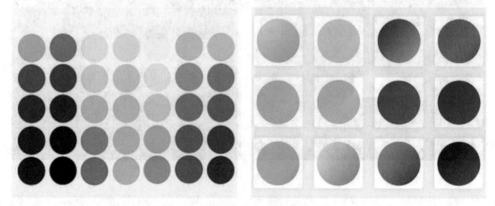

图 2-3　单色色卡和渐变色色卡

24 色标准色卡中的色彩都是常见的色彩，主要有钛白、柠檬黄、土黄、橘黄、橘红、朱红、大红、酞青绿、浅绿、黄绿、粉绿、翠绿、草绿、天蓝、湖蓝、钴蓝、群青、酞青蓝、紫色、赭石、熟褐、生褐、肉色以及黑色，如图 2-4 所示。

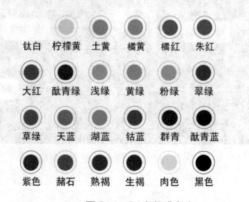

图 2-4　24 色标准色卡

## 2.3 实例：暖系灯光，色卡渲染简单实用

扫一扫　看效果

扫一扫　看视频

【效果展示】暖系灯光色调主要是用色卡渲染而成的，因此调色方法比较简单，这个色调适合画面留白较多，背景为纯色的视频。原图与效果图对比如图 2-5 所示。

图 2-5　原图与效果图对比展示

下面介绍使用剪映 App 调出暖系灯光色调的操作步骤。

步骤 01　在剪映 App 中导入一段视频素材，❶ 拖曳时间轴至视频 2 秒左右的位置；❷ 依次点击"画中画"按钮和"新增画中画"按钮，如图 2-6 所示。

步骤 02　在"照片视频"界面中选择日落灯色卡素材，如图 2-7 所示。

图 2-6　点击"新增画中画"按钮　　　　图 2-7　选择日落灯色卡素材

步骤 03 将日落灯色卡素材添加到画中画轨道中，并调整色卡的时长和位置，如图 2-8 所示。

步骤 04 在预览窗口中调整色卡素材的画面大小和位置，使其盖住人像，如图 2-9 所示。

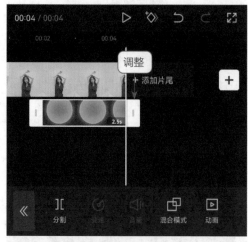

图 2-8　调整色卡的时长和位置

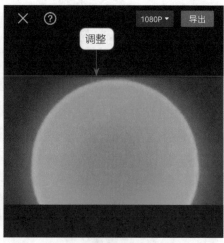

图 2-9　调整画面大小和位置

步骤 05 执行上述操作后，在下方的工具栏中点击"混合模式"按钮，如图 2-10 所示。

步骤 06 在"混合模式"界面中选择"正片叠底"选项，如图 2-11 所示。执行操作后，即可完成暖系灯光色调视频的制作。

图 2-10　点击"混合模式"按钮

图 2-11　选择"正片叠底"选项

## 2.4 实例：黑金色调，去掉杂色化繁为简

扫一扫 看效果

扫一扫 看视频

【效果展示】"黑金"滤镜主要是通过将红色与黄色的色相向橙红偏移，来保留画面中的红、橙、黄这 3 种颜色的饱和度，同时降低其他色彩的饱和度，最终让整个视频画面中只存在两种颜色——黑色和金色，让视频画面显得更有质感。原图与效果图对比如图 2-12 所示。

图 2-12 原图与效果图对比展示

下面介绍使用剪映 App 调出黑金色调的操作步骤。

步骤 01 导入一段视频素材，❶ 选择视频；❷ 点击"滤镜"按钮，如图 2-13 所示。

步骤 02 ❶ 切换至"黑白"选项卡；❷ 选择"黑金"滤镜，如图 2-14 所示。

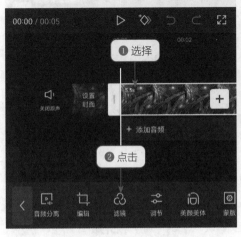
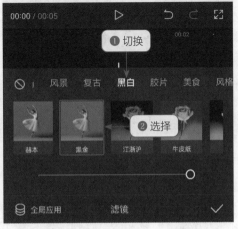

图 2-13 点击"滤镜"按钮　　　　　　图 2-14 选择"黑金"滤镜

步骤 **03** 点击✓按钮返回工具栏，点击"调节"按钮，如图 2-15 所示。

步骤 **04** 进入"调节"界面；❶ 选择"亮度"选项；❷ 拖曳滑块，将参数调至 7，如图 2-16 所示，稍微调高画面的整体亮度。

图 2-15 点击"调节"按钮

图 2-16 调节"亮度"参数

步骤 **05** ❶ 选择"饱和度"选项；❷ 拖曳滑块，将参数调至 12，如图 2-17 所示，将整体画面的颜色浓度调高一些。

步骤 **06** ❶ 选择"锐化"选项；❷ 拖曳滑块，将参数调至 28，如图 2-18 所示，使画面中的线条、棱角更加清晰。

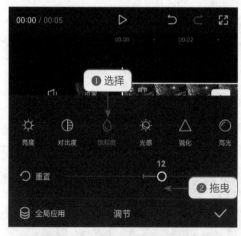

图 2-17 调节"饱和度"参数

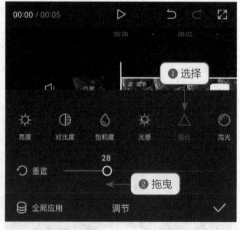

图 2-18 调节"锐化"参数

步骤 **07** ❶ 选择"高光"选项；❷ 拖曳滑块，将参数调至 8，如图 2-19 所示，将画面中较亮的区域调得更亮一点。

步骤 **08** ❶ 选择"色调"选项；❷ 拖曳滑块，将参数调至 28，如图 2-20 所示。

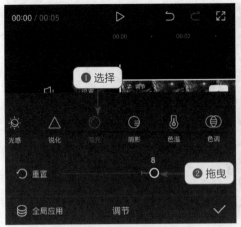

图 2-19 调节"高光"参数

图 2-20 调节"色调"参数

步骤 09 点击✓按钮返回一级工具栏，点击"画中画"按钮，如图 2-21 所示。

步骤 10 进入二级工具栏，点击"新增画中画"按钮，如图 2-22 所示。

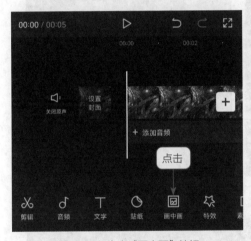

图 2-21 点击"画中画"按钮

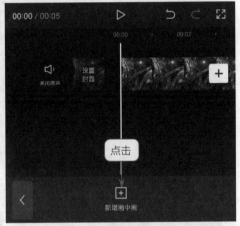

图 2-22 点击"新增画中画"按钮

步骤 11 再次导入素材，在预览区域放大视频画面，使其铺满整个屏幕，如图 2-23 所示。

步骤 12 在工具栏中，点击"蒙版"按钮，如图 2-24 所示。

步骤 13 进入"蒙版"界面，选择"线性"蒙版，如图 2-25 所示。

步骤 14 在预览区域顺时针旋转蒙版至 90°，如图 2-26 所示。

步骤 15 执行操作后，将蒙版拖曳至画面的最左侧，如图 2-27 所示。

步骤 16 ❶ 拖曳时间轴至 1 秒左右；❷ 点击◇按钮，如图 2-28 所示。

图 2-23　放大视频画面

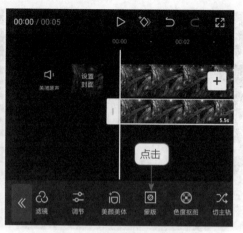

图 2-24　点击"蒙版"按钮

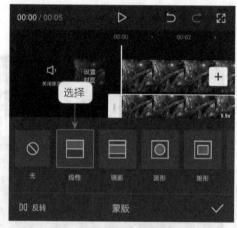

图 2-25　选择"线性"蒙版

图 2-26　旋转蒙版至 90°

图 2-27　将蒙版拖曳至画面的最左侧

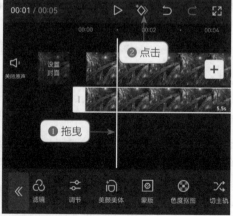

图 2-28　点击相应按钮

**步骤 17** 执行操作后，❶ 即可添加一个关键帧；❷ 拖曳时间轴至 3 秒左右；
❸ 点击"蒙版"按钮，如图 2-29 所示。

**步骤 18** 在预览区域将蒙版拖曳至画面的最右侧，如图 2-30 所示，此时在
时间轴的位置处会自动添加一个关键帧。

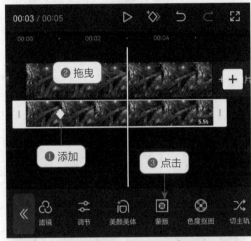

图 2-29　点击"蒙版"按钮

图 2-30　将蒙版拖曳至画面的最右侧

**步骤 19** 执行操作后，即可制作原图与效果图的划像对比视频，如图 2-31
所示。

图 2-31　制作原图与效果图的划像对比视频

## 2.5 实例：森系色调，墨绿色彩氛围感强

扫一扫　看效果

扫一扫　看视频

【效果展示】森系色调的特点是偏墨绿色，是颜色比较暗的一种绿色，能让视频中的植物看起来更加有质感。原图与效果图对比如图 2-32 所示。

图 2-32　原图与效果图对比展示

下面介绍使用剪映 App 调出森系色调的操作步骤。

步骤 01 在剪映 App 中导入一段视频素材，❶选择视频；❷点击"滤镜"按钮，如图 2-33 所示，即可进入"滤镜"素材库。

步骤 02 在"精选"选项卡中选择"松果棕"滤镜，如图 2-34 所示。

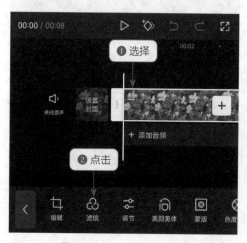 

图 2-33　点击"滤镜"按钮　　　　　　图 2-34　选择"松果棕"滤镜

步骤 03 回到上一级工具栏，点击"调节"按钮，进入"调节"界面，设置"饱和度"参数为 8、"色温"参数为 -33、"色调"参数为 -50，部分参数如图 2-35 所示，让绿颜色更加突出，调出墨绿色调。

图 2-35 设置相关参数

### ➦专家提醒

上述内容主要为了介绍调色方法，至于调色参数，仅适用于本案例中的视频，用户在使用自己的视频调色时，需要根据视频的实际情况进行调整。

## 2.6 实例：青橙色调，冷暖色的强烈对比

扫一扫 看效果 扫一扫 看视频

【效果展示】青橙色调是一种由青色和橙色组成的色调，调色后的视频画面整体呈现青、橙两种颜色，一个冷色调，一个暖色调，色彩对比非常鲜明。原图与效果图对比如图 2-36 所示。

图 2-36 原图与效果图对比展示

下面介绍使用剪映 App 调出青橙色调的操作步骤。

步骤 01 在剪映 App 中导入一段视频素材，❶ 选择视频；❷ 点击"滤镜"按钮，如图 2-37 所示。

步骤 02 进入"滤镜"素材库，在"影视级"选项卡中选择"青橙"滤镜，如图 2-38 所示。

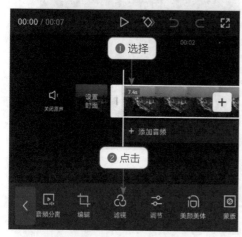

图 2-37　点击"滤镜"按钮

图 2-38　选择"青橙"滤镜

步骤 03 点击 ✓ 按钮返回，点击"调节"按钮，进入"调节"界面后，❶ 选择"亮度"选项；❷ 拖曳滑块，将参数调至 25，如图 2-39 所示，将画面整体亮度调高。

步骤 04 ❶ 选择"饱和度"选项；❷ 拖曳滑块，将参数调至 20，如图 2-40 所示，将画面的整体颜色调浓。

图 2-39　调整"亮度"参数

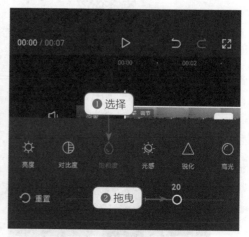

图 2-40　调整"饱和度"参数

步骤 05　❶选择"光感"选项；❷拖曳滑块，将参数调至 -5，如图 2-41
所示，稍微降低一点画面中的光线亮度。

步骤 06　❶选择"锐化"选项；❷拖曳滑块，将参数调至 13，如图 2-42
所示，使画面中的线条、棱角变得清晰一些。

图 2-41　调整"光感"参数

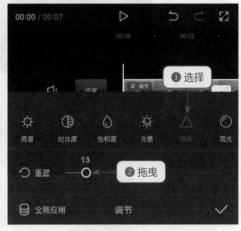

图 2-42　调整"锐化"参数

步骤 07　❶选择"高光"选项；❷拖曳滑块，将参数调至 -25，如图 2-43
所示，调整画面中的高光亮度，降低曝光。

步骤 08　❶选择"阴影"选项；❷拖曳滑块，将参数调至 80，如图 2-44
所示，调整画面中的阴影亮度，使暗处变亮。

图 2-43　调整"高光"参数

图 2-44　调整"阴影"参数

步骤 09　❶选择"色温"选项；❷拖曳滑块，将参数调至 -15，如图 2-45
所示，使整体画面偏冷色调一些，至此完成青橙色调的调色操作。

图 2-45　调整"色温"参数

## 2.7　练习实例：制作肤白貌美小清新人物视频

扫一扫　看效果

扫一扫　看视频

【效果展示】应用"白皙"滤镜和"调节"功能，可以为视频中的人物调出肤白貌美、小清新的效果。原图与效果图对比如图 2-46 所示。

图 2-46　原图与效果图对比展示

下面介绍使用剪映 App 制作肤白貌美小清新人物视频的操作步骤。

**步骤** 01 在剪映 App 中导入一段人像视频素材，❶ 选择视频；❷ 点击"滤镜"按钮，如图 2-47 所示。

**步骤** 02 进入"滤镜"素材库，在"高清"选项卡中选择"白皙"滤镜，如图 2-48 所示。

图 2-47　点击"滤镜"按钮

图 2-48　选择"白皙"滤镜

**步骤** 03 点击 ✓ 按钮返回，点击"调节"按钮，如图 2-49 所示。

**步骤** 04 进入"调节"界面后，❶ 选择"亮度"选项；❷ 拖曳滑块，将参数调至 –7，如图 2-50 所示，将画面整体亮度稍微降低一些。

图 2-49　点击"调节"按钮

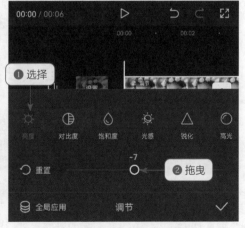

图 2-50　调整"亮度"参数

**步骤** 05 ❶ 选择"对比度"选项；❷ 拖曳滑块，将参数调至 –20，如图 2-51 所示，降低画面明暗对比度。

**步骤** 06 ❶ 选择"饱和度"选项；❷ 拖曳滑块，将参数调至 20，如图 2-52

所示，使画面中的颜色更加靓丽。

图 2-51　调整"对比度"参数

图 2-52　调整"饱和度"参数

步骤 07 ❶ 选择"锐化"选项；❷ 拖曳滑块，将参数调至 40，如图 2-53 所示，使人物更加清晰分明。

步骤 08 ❶ 选择"色温"选项；❷ 拖曳滑块，将参数调至 −20，如图 2-54 所示，使画面中的颜色偏蓝，变得更加清新，让人物肤色更加显白。

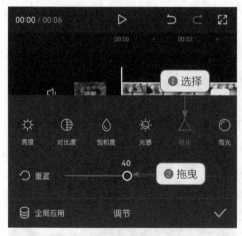

图 2-53　调整"锐化"参数

图 2-54　调整"色温"参数

# 第 3 章

# 视频特效：轻松打造视觉炫酷感

■ **本章要点**

　　剪映 App 的功能非常全面，在剪映 App 中可以制作出各种炫酷的视频特效、打造精彩的爆款短视频。本章将为大家介绍冬日特效、漫画特效、渐变特效、蒙版特效、转场特效以及动画特效等视频特效的制作方法。

## 3.1 认识剪映各类特效的界面

在剪映 App 的一级工具栏中，❶ 点击"特效"按钮，进入二级工具栏；❷ 其中显示了"画面特效"和"人物特效"两个按钮，如图 3-1 所示。

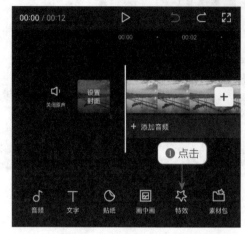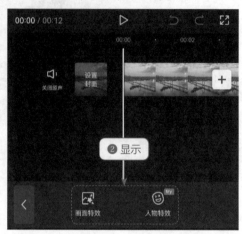

图 3-1 显示"画面特效"和"人物特效"两个按钮

点击"画面特效"按钮，即可进入"画面特效"素材库，其中包括"热门""情人节""基础""金粉""氛围""冬日""动感""复古""综艺""自然""电影""光影""纹理"以及"漫画"等特效选项卡，如图 3-2 所示。在不同的选项卡中，可以选择并使用需要的特效，使视频画面更加丰富。

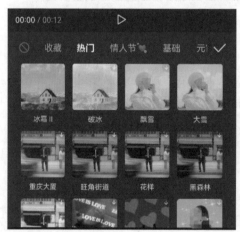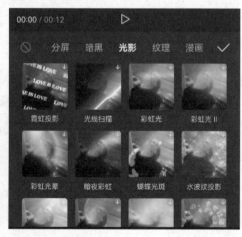

图 3-2 "画面特效"素材库

点击"人物特效"按钮，即可进入"人物特效"素材库，其中包括"热门""情绪""头饰""挡脸""身体""装饰""环绕""手部"以及"形象"等特效选项卡，如图 3-3 所示。用户在处理人像视频时，可以在该素材库中选择并使用特效。

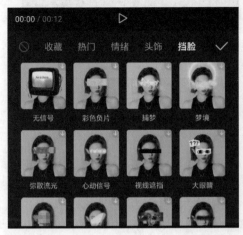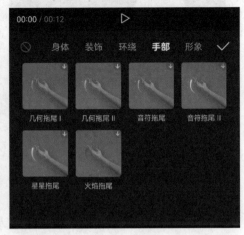

图 3-3 "人物特效"素材库

除了"特效"素材库，剪映 App 还提供了"转场"和"动画"素材库，支持用户自由创作，满足用户的多种需求。

在两个素材之间有个 ⏸ 按钮，❶ 点击该按钮；❷ 进入"转场"素材库，如图 3-4 所示。其中有"基础转场""综艺转场""运镜转场""特效转场""MG 转场""幻灯片"以及"遮罩转场"等多个转场选项卡，为用户提供了丰富的转场效果，添加转场可以使两个素材之间的过渡更加顺畅、自然。

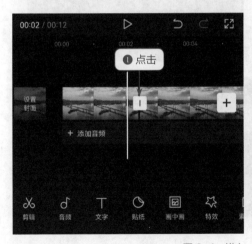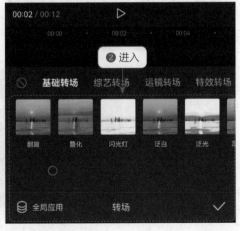

图 3-4 进入"转场"素材库

❶ 选择素材；❷ 点击工具栏中的"动画"按钮即可进入三级工具栏；❸ 其中显示了"入场动画""出场动画"以及"组合动画"3 个按钮，如图 3-5 所示。

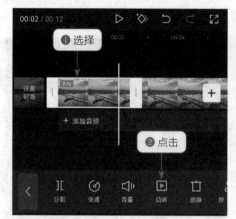 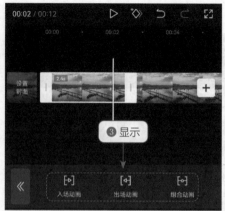

图 3-5　显示动画操作菜单

点击相应按钮即可进入对应的动画界面，如图 3-6 所示。

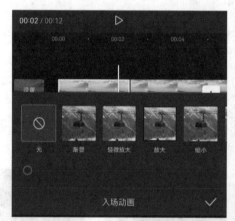 

图 3-6　进入对应的动画界面

"入场动画"界面中的动画效果主要用于视频的开始位置，可以使视频运动入场；"出场动画"界面中的动画效果主要用于视频的结束位置，可以使视频运动出场；"组合动画"界面中的动画效果既包含了视频的入场运动效果，又包含了视频的出场运动效果。

## 3.2　添加与删除特效的方法

为视频添加一些好看的特效，可以使视频画面更加美观，下面介绍添加与删除特效的方法。

在进入"画面特效"素材库后，❶ 选择一个需要的特效，如选择"变清晰"特效，❷ 在预览区域可以查看画面从模糊逐渐变清晰的视频效果，如图 3-7 所示。

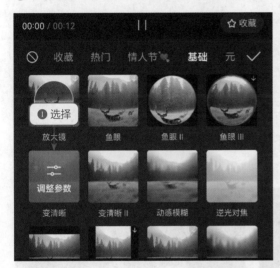

图 3-7　查看特效添加效果

点击"变清晰"特效中的"调整参数"按钮，即可弹出"调整参数"界面，如图 3-8 所示。在其中拖曳滑块，可以调整"对焦速度"和"模糊强度"的参数。如果对调整的参数不满意，可以点击"重置"按钮，恢复默认值后重新调整。

点击 ✓ 按钮后，❶ 即可在轨道中添加所选择的特效；❷ 点击工具栏中的"删除"按钮，如图 3-9 所示，即可将添加的特效删除。

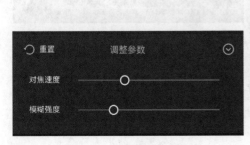

图 3-8　"调整参数"界面

图 3-9　点击"删除"按钮

点击"替换特效"按钮，还可以将添加的特效替换成其他的特效；点击"复制"按钮，即可复制一个相同的特效；点击"作用对象"按钮，进入"作用对象"界面，可以选择将特效应用到视频轨道中的主视频上，或者应用到画中画轨道中的视频上。

## 3.3　实例：冬日特效，雪花纷飞的城市

扫一扫　看效果

扫一扫　看视频

【效果展示】在剪映 App 中，使用"冬日"特效选项卡中的"大雪"特效和"背景的风声"音效，可以模拟真实的下雪效果，制作出雪花纷飞的城市视频，效果如图 3-10 所示。

图 3-10　冬日特效效果展示

下面介绍使用剪映 App 制作城市雪花纷飞视频的操作步骤。

步骤 01 ❶ 在剪映 App 中导入视频素材，❷ 依次点击"特效"按钮和"画面特效"按钮，如图 3-11 所示。

**步骤 02** 执行操作后，❶ 切换至"冬日"选项卡；❷ 选择"大雪"特效，如图 3-12 所示。

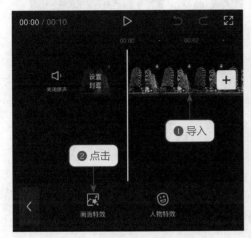
图 3-11 点击"画面特效"按钮

图 3-12 选择"大雪"特效

**步骤 03** 点击✔按钮添加特效，拖曳特效右侧的白色拉杆，调整特效时长，使其与视频时长一致，如图 3-13 所示。

**步骤 04** 返回到主界面，❶ 拖曳时间轴至起始位置处；❷ 依次点击"音频"按钮和"音效"按钮，如图 3-14 所示。

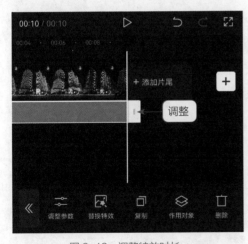
图 3-13 调整特效时长

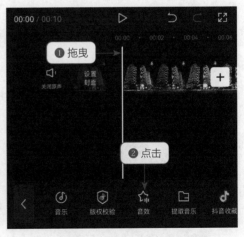
图 3-14 点击"音效"按钮

**步骤 05** 进入相应界面，❶ 切换至"环境音"选项卡；❷ 点击"背景的风声"音效右侧的"使用"按钮，如图 3-15 所示。

**步骤 06** ❶ 拖曳时间轴至视频的结束位置处；❷ 选择音效；❸ 点击"分割"按钮，如图 3-16 所示。最后删除多余的音效即可。

图 3-15　点击"使用"按钮

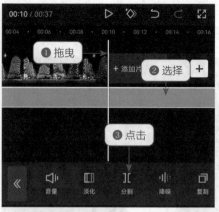

图 3-16　点击"分割"按钮

# 3.4　实例：漫画特效，变身为港漫效果

扫一扫　看效果

扫一扫　看视频

【效果展示】利用剪映 App"抖音玩法"功能中的"港漫"模板和"画面特效"素材库中的相应特效，可以制作出唯美的变身短视频，使原本真实的人物慢慢变成漫画人物，效果如图 3-17 所示。

图 3-17　漫画特效效果展示

下面介绍使用剪映 App 制作变身为港漫效果视频的操作步骤。

步骤 01 ❶ 在剪映 App 中导入一张照片素材；❷ 拖曳时间轴至视频末尾；❸ 点击+按钮，如图 3-18 所示。

步骤 02 再次导入一张相同的照片素材，如图 3-19 所示。

图 3-18　点击相应按钮　　　　　　图 3-19　再次导入照片素材

步骤 03 ❶ 选择视频轨道中的第 2 张照片；❷ 在工具栏中点击"抖音玩法"按钮，如图 3-20 所示。

步骤 04 进入"抖音玩法"界面，选择"港漫"选项，如图 3-21 所示。

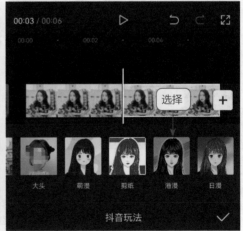

图 3-20　点击"抖音玩法"按钮　　　图 3-21　选择"港漫"选项

步骤 05 执行操作后，显示生成漫画效果的进度，如图 3-22 所示。

步骤 06 生成漫画效果后，点击两张照片中间的转场按钮 ⊺，如图 3-23 所示。

图 3-22　显示生成漫画效果的进度

图 3-23　点击相应按钮

步骤 **07** 进入相应界面，❶ 切换至"幻灯片"选项卡；❷ 选择"回忆"转场；❸ 拖曳滑块，调整转场时长为 1.0s，如图 3-24 所示。

步骤 **08** 点击✓按钮返回，❶ 拖曳时间轴至起始位置处；❷ 依次点击"特效"按钮和"画面特效"按钮，如图 3-25 所示。

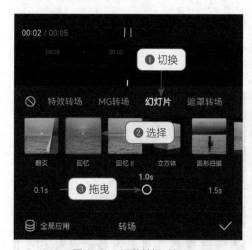

图 3-24　调整转场时长

图 3-25　点击"画面特效"按钮

步骤 **09** 在"基础"选项卡中选择"变清晰"特效，如图 3-26 所示。

步骤 **10** 点击✓按钮添加特效，❶ 拖曳特效右侧的白色拉杆，调整特效的持续时长；❷ 点击"作用对象"按钮，如图 3-27 所示。

步骤 **11** 进入"作用对象"界面，点击"全局应用"按钮，如图 3-28 所示。

步骤 **12** 返回到特效二级工具栏，拖曳时间轴至开始位置，点击"画面特效"按钮，在"金粉"选项卡中选择"仙女变身"特效，如图 3-29 所示。

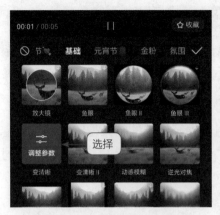

图 3-26 选择"变清晰"特效

图 3-27 点击"作用对象"按钮

图 3-28 点击"全局应用"按钮

图 3-29 选择"仙女变身"特效

**步骤13** 点击✓按钮，即可添加"仙女变身"特效，拖曳右侧的白色拉杆调整其时长，如图 3-30 所示。

**步骤14** 依次点击"作用对象"按钮和"全局应用"按钮，如图 3-31 所示。

图 3-30 调整"仙女变身"特效时长

图 3-31 点击"全局应用"按钮

→ 专家提醒

如图 3-30 所示，在"变清晰"特效中，显示了"全局"的字样，表示该特效作用于全局；在"仙女变身"特效中，显示了"主"字样，表示该特效作用于视频轨道中的主视频。

步骤 15 点击 ✓ 按钮返回，拖曳时间轴至转场的结束位置，添加"金粉"选项卡中的"金粉"特效，拖曳"金粉"特效右侧的白色拉杆，调整特效时长，如图 3-32 所示。

步骤 16 执行上述操作后，添加一段合适的背景音乐，如图 3-33 所示，即可完成视频的制作。

图 3-32　调整"金粉"特效时长

图 3-33　添加一段合适的背景音乐

## 3.5　实例：渐变特效，让树叶逐渐变色

扫一扫　看效果

扫一扫　看视频

【效果展示】使用剪映 App 中的"远途"滤镜和"调节"功能，可以将绿色的植物调成棕褐色；使用关键帧还能轻松制作火爆全网的树叶颜色渐变短视频，让原本是绿色的树木慢慢地变成棕褐色，效果如图 3-34 所示。

图 3-34　渐变特效效果展示

下面介绍使用剪映 App 制作渐变特效，让树叶逐渐变色的操作方法。

步骤 01 在剪映 App 中导入相应素材，❶ 拖曳时间轴至开始变色的位置处；❷ 选择视频；❸ 点击◇按钮，如图 3-35 所示，添加一个关键帧。

步骤 02 ❶ 拖曳时间轴至颜色渐变结束的位置；❷ 点击◇按钮，如图 3-36 所示。

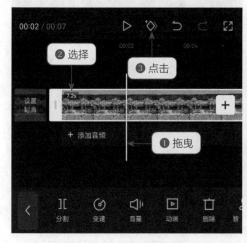

图 3-35　点击关键帧按钮　　　　　　图 3-36　点击关键帧按钮

步骤 03 执行操作后，即可再次添加一个关键帧，点击工具栏中的"滤镜"按钮，在"滤镜"界面的"风景"选项卡中选择"远途"滤镜，如图 3-37 所示。

步骤 04 返回工具栏，点击"调节"按钮，❶ 在"调节"界面中选择"亮度"

选项；❷ 拖曳滑块，将参数设置为 –25，如图 3-38 所示，降低画面中的亮度。

图 3-37　选择"远途"滤镜

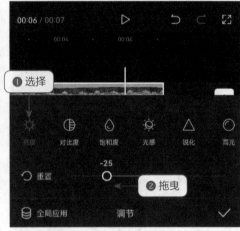

图 3-38　设置"亮度"参数

步骤 05　❶ 选择"饱和度"选项；❷ 拖曳滑块，将参数设置为 25，如图 3-39 所示，将画面中的颜色浓度加强。

步骤 06　❶ 选择"锐化"选项；❷ 拖曳滑块，将参数设置为 39，如图 3-40 所示，聚焦模糊边缘，使画面更加清晰。

图 3-39　设置"饱和度"参数

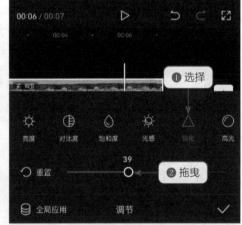

图 3-40　设置"锐化"参数

步骤 07　❶ 选择"色温"选项；❷ 拖曳滑块，将参数设置为 50，如图 3-41 所示，将画面调为暖色调。

步骤 08　点击 ✓ 按钮添加调节效果，拖曳时间轴至第 1 个关键帧的位置处，点击"滤镜"按钮，拖曳"滤镜"界面中的圆环滑块，将参数设置为 0，如图 3-42 所示。至此，完成颜色渐变视频的制作。

图 3-41 设置"色温"参数　　　　　　图 3-42 设置"滤镜"参数

## 3.6 实例：蒙版特效，缩放多个相框门

扫一扫　看效果　　　　　　　　　　扫一扫　看视频

【效果展示】使用剪映 App 的"蒙版"功能和"缩放"功能，可以制作多个相框门视频效果，制作好的视频画面看上去就像有许多扇门一样，给人一种神奇的视觉效果，如图 3-43 所示。

图 3-43 蒙版特效效果展示

下面介绍使用剪映 App 制作蒙版特效，缩放多个相框门视频效果的操作步骤。

**步骤 01** 在剪映 App 中导入一张照片素材，❶ 选择视频轨道中的素材；❷ 点击"蒙版"按钮，如图 3-44 所示。

**步骤 02** 进入"蒙版"界面，❶ 选择"矩形"蒙版；❷ 点击"反转"按钮，如图 3-45 所示。

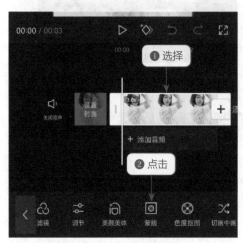

图 3-44　点击"蒙版"按钮　　　　图 3-45　点击"反转"按钮

**步骤 03** 在预览区域调整蒙版大小，如图 3-46 所示。

**步骤 04** 返回到剪辑二级工具栏，双击"复制"按钮，如图 3-47 所示，复制两个相同的素材片段。

图 3-46　调整蒙版大小　　　　图 3-47　双击"复制"按钮

**步骤 05** 返回一级工具栏，点击"画中画"按钮，❶ 选择第 3 个片段；❷ 点击"切画中画"按钮，如图 3-48 所示。

**步骤 06** 将画中画轨道中的素材片段拖曳至起始位置处，如图 3-49 所示。

图 3-48　点击"切画中画"按钮

图 3-49　拖曳素材片段

**步骤 07** 在预览区域适当缩小其画面，如图 3-50 所示。

**步骤 08** 在工具栏中双击"复制"按钮，如图 3-51 所示，在画中画轨道中再次复制两个素材片段。

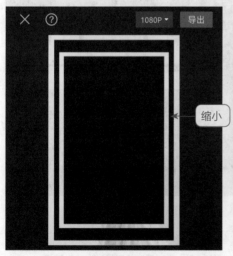

图 3-50　适当缩小画面

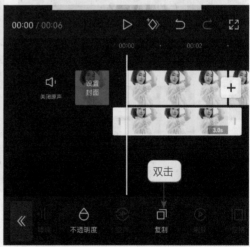

图 3-51　双击"复制"按钮

**步骤 09** 使用相同的方法，❶ 继续添加 3 条画中画轨道；❷ 在预览区域将其画面逐层缩小，如图 3-52 所示。

图 3-52　添加 3 条画中画轨道并逐层缩小素材画面

**步骤** 10 ❶ 选择最后一条轨道中的片段；❷ 点击"蒙版"按钮，如图 3-53 所示。

**步骤** 11 进入"蒙版"界面，点击"反转"按钮，如图 3-54 所示，使画面中的人像显示出来。

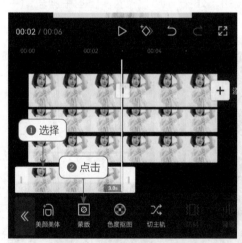 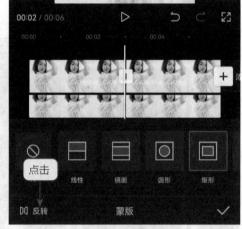

图 3-53　点击"蒙版"按钮　　　　　　图 3-54　点击"反转"按钮

**步骤** 12 ❶ 复制最后一条画中画轨道中的片段；❷ 选择视频轨道中的第 1 个片段；❸ 依次点击"动画"按钮和"入场动画"按钮，如图 3-55 所示。

**步骤** 13 ❶ 选择"放大"动画；❷ 拖曳滑块，调整时长为 0.5s，如图 3-56 所示。

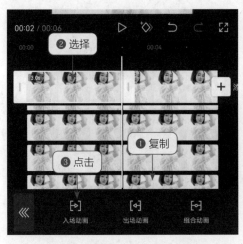

图 3-55　点击"入场动画"按钮

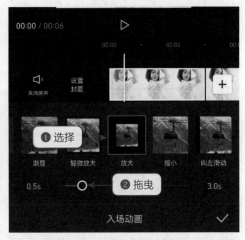

图 3-56　调整"放大"动画时长

步骤 14 ❶ 选择视频轨道中的第 2 个片段；❷ 点击"出场动画"按钮，如图 3-57 所示。

步骤 15 ❶ 选择"缩小"动画；❷ 拖曳滑块，调整时长为 0.5s，如图 3-58 所示。

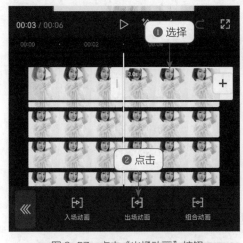

图 3-57　点击"出场动画"按钮

图 3-58　调整"缩小"动画时长

步骤 16 使用相同的方法，为所有画中画轨道中的片段分别添加相应的动画效果，并逐层增加 0.5s 的动画时长，效果如图 3-59 所示。

步骤 17 为视频添加合适的背景音乐，如图 3-60 所示。

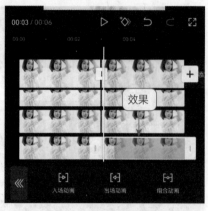

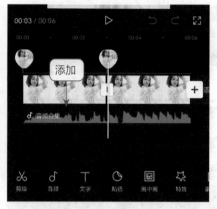

<table>
<tr><td>图 3-59　添加动画后的效果</td><td>图 3-60　添加背景音乐</td></tr>
</table>

**→ 专家提醒**

为第 1 条画中画轨道中的素材添加动画后，设置动画时长为 1.0s；为第 2 条画中画轨道中的素材添加动画后，设置动画时长为 1.5s；为第 3 条画中画轨道中的素材添加动画后，设置动画时长为 2.0s；为第 4 条画中画轨道中的素材添加动画后，设置动画时长为 2.5s。

## 3.7　实例：转场特效，酷炫的切换效果

扫一扫　看效果　　　　　　　　　扫一扫　看视频

【效果展示】在多段视频之间添加不同的转场效果，可以使视频之间的切换变得流畅、自然，增加视频的美观度和趣味性，效果如图 3-61 所示。

图 3-61　转场特效效果展示

图 3-61（续）

下面介绍使用剪映 App 为视频添加不同转场的操作步骤。

步骤 01 ❶ 在剪映 App 中导入 3 个视频素材；❷ 点击第 1 个视频和第 2 个视频中间的转场按钮┃，如图 3-62 所示。

步骤 02 执行操作后，进入"转场"素材库，如图 3-63 所示。

图 3-62　点击转场按钮

图 3-63　进入"转场"素材库

步骤 03 ❶ 切换至"运镜转场"选项卡；❷ 找到并选择"拉远"转场效果，如图 3-64 所示。

步骤 04 向右拖曳滑块，调整转场效果的时长为 1.5s，如图 3-65 所示。

图 3-64　选择"拉远"转场效果

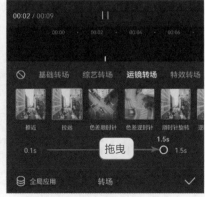

图 3-65　调整转场效果的时长

步骤 05 点击 ✓ 按钮添加转场效果，点击第 2 个视频和第 3 个视频中间的转场按钮 ¦，如图 3-66 所示。

步骤 06 在"特效转场"选项卡中选择"光束"转场效果，如图 3-67 所示，点击 ✓ 按钮即可再次添加转场效果。

图 3-66　点击转场按钮　　　　　　　　　图 3-67　选择"光束"转场效果

## 3.8　实例：动画特效，让照片运动起来

扫一扫　看效果　　　　　　　　　　　扫一扫　看视频

【效果展示】在剪映 App 中，使用"动画"功能，可以让静态的照片运动起来，使视频画面更加生动、有趣，效果如图 3-68 所示。

图 3-68　动画特效效果展示

图 3-68（续）

下面介绍使用剪映 App 为视频添加不同动画效果的操作步骤。

步骤 01 ❶ 在剪映 App 中导入 3 张照片；❷ 点击"背景"按钮，如图 3-69 所示。

步骤 02 进入二级工具栏，点击"画布模糊"按钮，如图 3-70 所示。

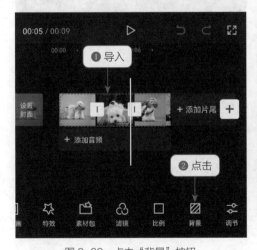 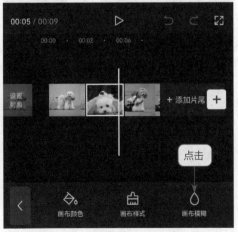

图 3-69 点击"背景"按钮　　　　　　图 3-70 点击"画布模糊"按钮

步骤 03 进入"画布模糊"界面，❶ 选择最后一个模糊样式；❷ 点击"全局应用"按钮，如图 3-71 所示。

步骤 04 点击 ✓ 返回，❶ 选择第 1 段素材；❷ 拖曳时间轴至要分割的位置处；❸ 点击"分割"按钮，如图 3-72 所示。

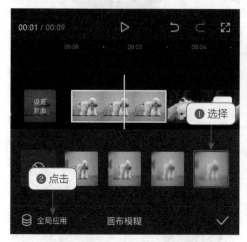

图 3-71 点击"全局应用"按钮　　　　图 3-72 点击"分割"按钮

步骤 05 执行操作后，即可将照片分割为两段，选择分割后的第 2 段素材，如图 3-73 所示。

步骤 06 依次点击"动画"按钮和"入场动画"按钮，如图 3-74 所示。

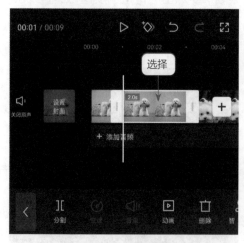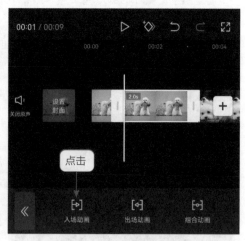

图 3-73 选择分割后的第 2 段素材　　　　图 3-74 点击"入场动画"按钮

步骤 07 进入相应界面，❶ 选择"放大"动画；❷ 向右拖曳滑块，调整动画时长，如图 3-75 所示。

步骤 08 ❶ 选择第 3 段素材；❷ 在"组合动画"界面中选择"分身"动画，如图 3-76 所示。

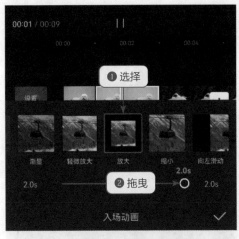

图 3-75 调整"放大"动画时长

图 3-76 选择"分身"动画

**步骤 09** ❶ 选择第 4 段素材；❷ 在"入场动画"界面中选择"向右下甩入"动画；❸ 拖曳滑块，调整动画时长为 3.0s，如图 3-77 所示。

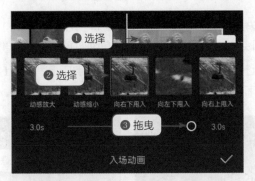

图 3-77 调整"向右下甩入"动画时长

## 3.9 练习实例：制作人物幻影重叠效果

扫一扫　看效果

扫一扫　看视频

【效果展示】幻影是很多武侠片中较为常见的特效，幻影重叠效果能让主角的功夫招式更加奇幻和具有观赏性，效果如图 3-78 所示。

图 3-78  人物幻影重叠效果展示

下面介绍使用剪映 App 制作人物幻影重叠效果视频的操作步骤。

步骤 01 在剪映 App 中导入 5 段同样的视频素材，如图 3-79 所示。

步骤 02 ❶ 选择第 1 段素材；❷ 点击"切画中画"按钮，如图 3-80 所示，把素材切换至画中画轨道中。

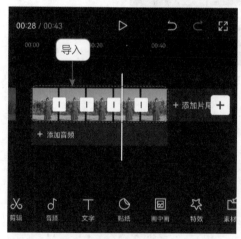

图 3-79  导入 5 段视频素材　　　　　图 3-80  点击"切画中画"按钮

步骤 03 使用相同的方法把剩下的素材切换至画中画轨道中，如图 3-81 所示。

步骤 04 ❶ 放大轨道面板；❷ 把第 1 条画中画轨道中的素材往后拖曳，效果如图 3-82 所示。

图 3-81　切换视频的轨道

图 3-82　拖曳素材

步骤 05 使用相同的方法把剩下的 3 段素材都往后拖曳一些，❶ 选择第 4 条画中画轨道中的素材；❷ 点击"不透明度"按钮，如图 3-83 所示。

步骤 06 进入"不透明度"界面，拖曳圆环滑块，设置"不透明度"参数为 20，如图 3-84 所示。同理，设置第 3 条画中画轨道中素材的"不透明度"参数为 40、第 2 条画中画轨道中素材的"不透明度"参数为 60、第 1 条画中画轨道中素材的"不透明度"参数为 80。执行上述操作后，即可完成人物幻影重叠效果视频的制作。

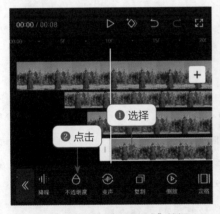

图 3-83　点击"不透明度"按钮

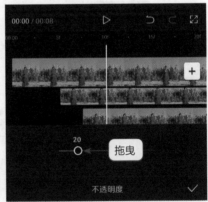

图 3-84　设置"不透明度"参数

▶ 专家提醒

　　执行上述操作后，用户还可以适当调整画中画轨道中素材的时长，使其对齐视频轨道中的视频时长，使视频更加完善。

　　如果用户不喜欢视频中自带的背景音乐，可以将每段视频的音量调为 0，再为视频重新匹配一段自己喜欢的背景音乐即可。

# 第 4 章

# 字幕效果：让你的视频更加专业

■ **本章要点**

　　我们在刷短视频的时候，常常可以看到很多短视频中都添加了字幕效果，或用于歌词显示，或用于语音解说，让观众在短短几秒内就能看懂更多视频内容，本章将重点介绍在剪映 App 中创建字幕、制作字幕动画效果的操作方法。

## 4.1　认识字幕编辑界面

在剪映 App 的一级工具栏中，❶ 点击"文字"按钮，即可进入二级工具栏；❷ 其中显示了"新建文本""文字模板""识别字幕""识别歌词"以及"添加贴纸"5 个按钮，如图 4-1 所示。

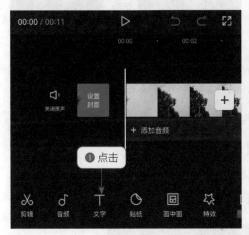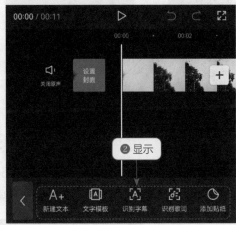

图 4-1　进入文字二级工具栏

在文字二级工具栏中，点击"新建文本"按钮，即可进入"文字编辑"界面，如图 4-2 所示。在"字体"选项卡中可以设置文字的字体。

切换至"样式"选项卡，如图 4-3 所示，在其中可以设置文字的文本颜色、透明度、描边、背景、阴影、排列以及粗斜体等。

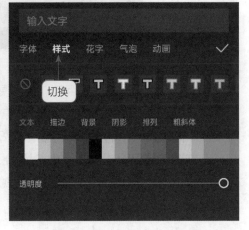

图 4-2　"文字编辑"界面　　　　　图 4-3　切换至"样式"选项卡

切换至"花字"和"气泡"选项卡，如图 4-4 所示。可以为文字设置花字样式、套用气泡边框等。

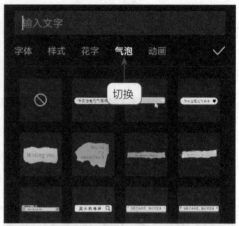

图 4-4 "花字"和"气泡"选项卡

切换至"动画"选项卡，如图 4-5 所示。可以为文字添加入场动画、出场动画以及循环动画，使文字具有运动效果。

图 4-5 "动画"选项卡

在文字二级工具栏中，点击"文字模板"按钮，即可进入"文字模板"界面，如图 4-6 所示。其中为用户提供了非常丰富的文字模板样式，用户可以直接套用模板，修改模板中的文字即可制作出好看的字幕效果。

在文字二级工具栏中，点击"添加贴纸"按钮，即可进入"贴纸"素材库，如图 4-7 所示。其中为用户提供了各式各样的贴纸素材，使用贴纸可以丰富视频画面，让视频变得更加生动、有趣。

图 4-6　"文字模板"界面

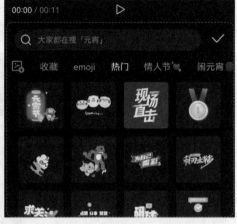
图 4-7　"贴纸"素材库

　　在文字二级工具栏中，点击"识别字幕"按钮，会弹出"自动识别字幕"对话框，如图 4-8 所示。点击"开始识别"按钮，可以识别视频或录音中人的声音，并生成文本字幕。

　　在文字二级工具栏中，点击"识别歌词"按钮，会弹出"识别歌词"对话框，如图 4-9 所示。点击"开始识别"按钮，可以识别视频或音频中的背景音乐，并生成歌词字幕。

图 4-8　弹出"自动识别字幕"对话框

图 4-9　弹出"识别歌词"对话框

## 4.2　掌握创建字幕的方法

　　在剪映 App 中，创建字幕的方法非常简单，用户只需点击文字二级工具栏中的"新建文本"按钮，即可进入"文字编辑"界面，在文本框中输入文本内容，如图 4-10 所示。然后在预览区域调整文本的位置和大小，如图 4-11 所示。

图 4-10 输入文本内容

图 4-11 调整文本的位置和大小

点击✔按钮，即可在字幕轨道中创建一个文本，如图 4-12 所示。在下方的工具栏中可以对文本进行分割、复制、样式、文本朗读、删除以及跟踪等操作。

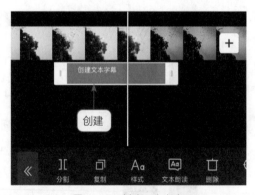

图 4-12 创建一个文本

## 4.3 实例：使音乐视频自带字幕

扫一扫 看效果

扫一扫 看视频

【效果展示】剪映 App 中的"识别歌词"功能可以提取音乐视频中的歌词字幕，帮助用户快速做出字幕效果，效果如图 4-13 所示。

图 4-13　音乐视频自带字幕效果展示

下面介绍使用剪映 App 为音乐视频添加字幕的操作步骤。

步骤 01　❶ 在剪映 App 中导入一段视频；❷ 点击"文字"按钮，如图 4-14 所示。

步骤 02　在文字二级工具栏中，点击"识别歌词"按钮，如图 4-15 所示。

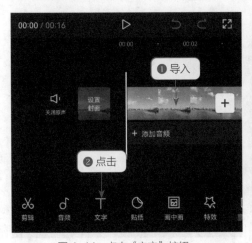

图 4-14　点击"文字"按钮　　　　　图 4-15　点击"识别歌词"按钮

步骤 03 在弹出的"识别歌词"对话框中点击"开始识别"按钮，如图 4-16 所示，开始识别视频中的歌词。

步骤 04 稍等片刻，待歌词识别完成后，即可在字幕轨道中生成歌词文本，如图 4-17 所示。

图 4-16 点击"开始识别"按钮

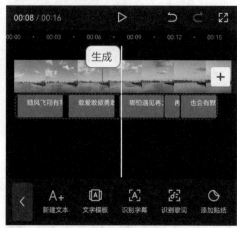
图 4-17 生成歌词文本

步骤 05 选择任意一个文本，点击工具栏中的"样式"按钮，在"样式"选项卡中，❶ 选择一个合适的预设样式；❷ 在"排列"选项区中拖曳"字间距"右侧的滑块，设置参数为 10，如图 4-18 所示，调整字与字之间的距离。

步骤 06 执行操作后，在预览区域调整文本的位置和大小，如图 4-19 所示，点击 ✓ 按钮确认操作，即可完成音乐视频字幕的添加。

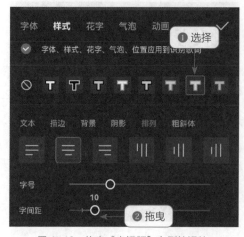
图 4-18 拖曳"字间距"右侧的滑块

图 4-19 调整文本的位置和大小

## 4.4　实例：轻松变出手机歌词字幕

扫一扫　看效果

扫一扫　看视频

【效果展示】在剪映 App 中，利用文字动画和气泡效果可以轻轻松松地制作出手机歌词字幕效果，如图 4-20 所示。

图 4-20　手机歌词字幕效果展示

下面介绍使用剪映 App 制作手机歌词字幕的操作步骤。

步骤 01 ❶ 在剪映 App 中导入一段视频；❷ 点击"音频"按钮，如图 4-21 所示。

步骤 02 为视频添加一段合适的背景音乐，如图 4-22 所示。

步骤 03 点击"文字"按钮，在文字二级工具栏中点击"识别歌词"按钮，如图 4-23 所示。

步骤 04 在弹出的"识别歌词"对话框中点击"开始识别"按钮，如图 4-24 所示，开始识别音频中的歌词。

步骤 05 稍等片刻，待歌词识别完成后，即可在字幕轨道中生成歌词文本，通过拖曳文本右侧的白色拉杆，调整文本的时长，使每个文本的结束位置都与后一个文本的开始位置相衔接，如图 4-25 所示。

步骤 06 ❶ 选择任意一个文本；❷ 点击工具栏中的"样式"按钮，如图 4-26 所示。

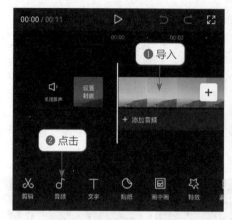

图 4-21 点击"音频"按钮

图 4-22 添加一段合适的背景音乐

图 4-23 点击"识别歌词"按钮

图 4-24 点击"开始识别"按钮

图 4-25 调整文本的时长

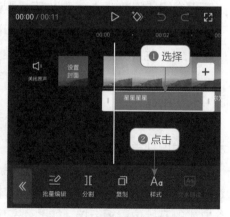

图 4-26 点击"样式"按钮

**步骤 07** 在"样式"选项卡的"文本"选项区中选择一个橘黄色色块，如图 4-27 所示，设置字体颜色。

**步骤 08** 在"描边"选项区中选择一个白色色块，如图 4-28 所示，设置字体的描边颜色。

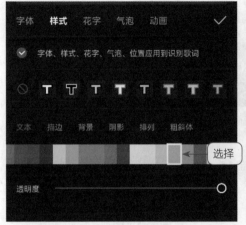

图 4-27　选择一个橘黄色色块

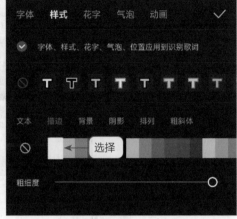

图 4-28　选择一个白色色块

**步骤 09** ❶ 切换至"气泡"选项卡；❷ 选择一个气泡边框效果，如图 4-29 所示。

**步骤 10** ❶ 切换至"动画"选项卡；❷ 在"入场动画"选项区中选择"卡拉 OK"动画；❸ 调整动画时长为 2.5s；❹ 选择紫色色块，如图 4-30 所示。执行上述操作后，使用相同的方法为其他歌词文本设置文字样式，添加"卡拉 OK"动画效果，并调整动画时长均为 2.0s。

图 4-29　选择一个气泡边框效果

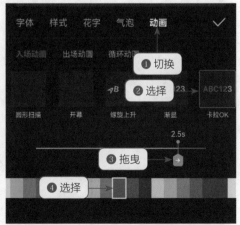

图 4-30　选择紫色色块

步骤 11 执行上述操作后，在预览区域中调整歌词文本的位置与大小，如图 4-31 所示。至此，完成手机歌词字幕的制作。

图 4-31　调整歌词文本的位置与大小

## 4.5　实例：文字随风消散更具美感

扫一扫　看效果

扫一扫　看视频

【效果展示】文字消散是一种非常浪漫且唯美的字幕效果，如图 4-32 所示，文字缓缓上滑，接着变成白色粒子飞散消失。

图 4-32　文字随风消散效果展示

下面介绍使用剪映 App 制作文字随风消散效果的操作步骤。

步骤 01 ❶ 在剪映 App 中导入一段视频；❷ 在工具栏中点击"文字"按钮，如图 4-33 所示。

步骤 02 进入文字二级工具栏，点击"新建文本"按钮，如图 4-34 所示。

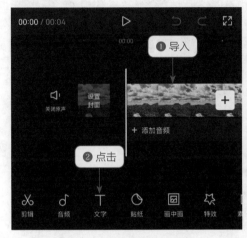

图 4-33　点击"文字"按钮

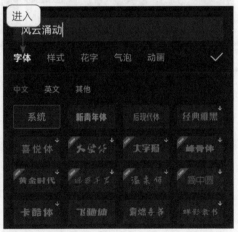

图 4-34　点击"新建文本"按钮

步骤 03 在文本框中输入相应的文字内容，如图 4-35 所示。

步骤 04 输入完成后，点击键盘上的 ⌄ 按钮将键盘收起，即可进入"字体"选项卡，如图 4-36 所示。

图 4-35　输入文字内容

图 4-36　进入"字体"选项卡

步骤 05 选择一个合适的字体，如图 4-37 所示。

步骤 06 在预览区域中拖曳文本框，调整文字的大小和位置，如图 4-38 所示。

图 4-37　选择一个合适的字体

图 4-38　调整文字的大小和位置

步骤 07　❶ 切换至"动画"选项卡；❷ 在"入场动画"选项区中找到并选择"向上滑动"动画效果，如图 4-39 所示。

步骤 08　执行操作后，拖曳动画效果下方的 滑块，将动画的时长设置为 1.1s，如图 4-40 所示。

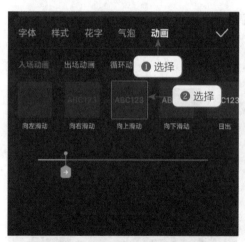

图 4-39　选择"向上滑动"动画效果

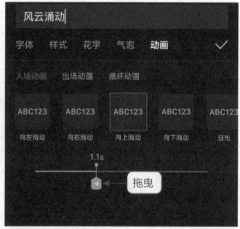

图 4-40　设置动画时长

步骤 09　❶ 切换至"出场动画"选项区；❷ 找到并选择"打字机 II"动画效果，如图 4-41 所示。

步骤 10　执行操作后，拖曳动画效果下方的 滑块，将动画的持续时长设置为 1.6s，如图 4-42 所示。

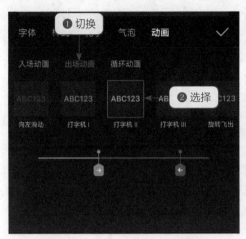

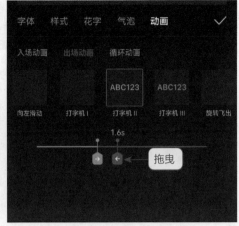

图 4-41 选择"打字机 II"动画效果　　　　　　图 4-42 设置动画时长

步骤 11 点击 ✓ 按钮返回，依次点击工具栏中的"画中画"按钮和"新增画中画"按钮，❶ 在画中画轨道中添加一个粒子素材；❷ 点击下方工具栏中的"混合模式"按钮，如图 4-43 所示。

步骤 12 进入"混合模式"界面，选择"滤色"选项，如图 4-44 所示，执行操作后，即可去除粒子素材中的黑色背景，留下白色的粒子。

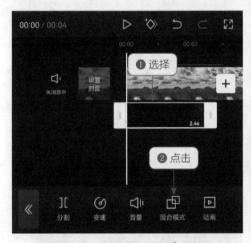

图 4-43 点击"混合模式"按钮　　　　　　　图 4-44 选择"滤色"选项

步骤 13 点击 ✓ 按钮返回，拖曳画中画轨道中的粒子素材至第 1 个文字即将消失的位置，如图 4-45 所示。

步骤 14 在预览区域中，调整粒子素材的画面大小和位置，如图 4-46 所示。

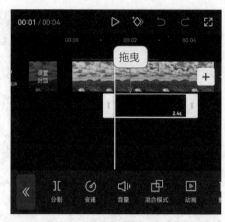

图 4-45　拖曳粒子素材的位置

图 4-46　调整粒子素材的画面大小和位置

▶ 专家提醒

　　用户可以通过素材模板网站平台购买下载粒子素材，也可以在抖音 App 中搜索粒子素材，下载抖音用户分享的素材。

## 4.6　实例：套用模板制作大片开幕

扫一扫　看效果

扫一扫　看视频

　　【效果展示】剪映 App 中自带了很多的文字模板，款式多样而且不需要设置动画样式，在套用文字模板后，直接修改原来的文字内容即可，非常方便，效果如图 4-47 所示。

图 4-47　套用模板制片大片开幕效果展示

图 4-47（续）

下面介绍使用剪映 App 套用文字模板，制作大片开幕效果的操作步骤。

**步骤 01** ❶ 在剪映 App 中导入一段视频；❷ 点击"文字"按钮，如图 4-48 所示。

**步骤 02** 进入文字二级工具栏，点击"文字模板"按钮，如图 4-49 所示。

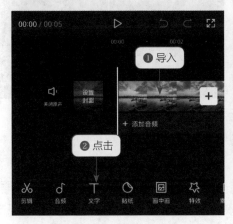
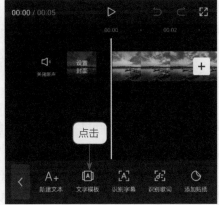

图 4-48　点击"文字"按钮　　　　　图 4-49　点击"文字模板"按钮

**步骤 03** 进入"精选"选项卡，选择一个合适的文字模板，如图 4-50 所示。

**步骤 04** 在预览窗口中点击文字模板，如图 4-51 所示。

图 4-50　选择一个合适的文字模板　　　　图 4-51　点击文字模板

步骤 05 执行操作后，即可弹出文本框和键盘，在文本框中删除原来的内容，输入需要的文字内容，如图 4-52 所示。

步骤 06 点击 ✓ 按钮，即可添加文字，拖曳文字至 1 秒左右的位置，如图 4-53 所示。

图 4-52 输入文字内容      图 4-53 拖曳文字的位置

步骤 07 ❶ 将时间轴拖曳至开始位置；❷ 点击一级工具栏中的"特效"按钮，如图 4-54 所示。

步骤 08 进入特效二级工具栏，点击"画面特效"按钮，进入"特效"素材库，在"基础"选项卡中，选择"开幕"特效，如图 4-55 所示，执行操作后，点击 ✓ 按钮确认，即可添加"开幕"特效，完成大片开幕效果的制作。

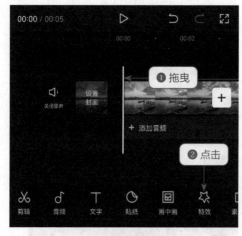
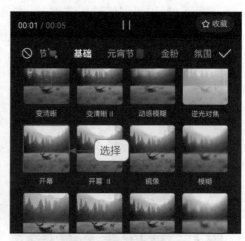

图 4-54 点击"特效"按钮      图 4-55 选择"开幕"特效

## 4.7　练习实例：制作文本的打字动画

扫一扫　看效果

扫一扫　看视频

【效果展示】在剪映 App 中，使用"打字机Ⅰ"文字动画，可以使文本呈现自动打字的效果，适用于很多科幻大片中，效果如图 4-56 所示。

图 4-56　文本打字动画效果展示

下面介绍使用剪映 App 制作文本打字动画效果的操作步骤。

步骤 01　❶ 在剪映 App 中导入一段视频；❷ 点击"文字"按钮，如图 4-57 所示。

步骤 02　进入文字二级工具栏，点击"新建文本"按钮，如图 4-58 所示。

步骤 03　在文本框中输入相应的文本内容，如图 4-59 所示。

步骤 04　在预览区域，适当调整文本的大小和位置，如图 4-60 所示。

步骤 05　在"样式"选项卡的"文本"选项区中选择红色色块，如图 4-61 所示，设置字体颜色为红色。

步骤 06　切换至"动画"选项卡，在"入场动画"选项区中选择"打字机Ⅰ"动画效果，如图 4-62 所示。

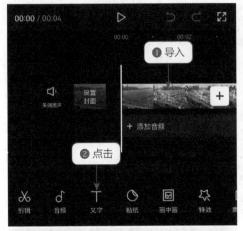

图 4-57 点击"文字"按钮

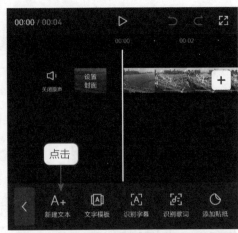

图 4-58 点击"新建文本"按钮

图 4-59 输入文本内容

图 4-60 调整文本的大小和位置

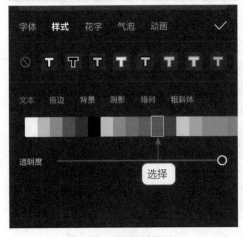

图 4-61 选择红色色块

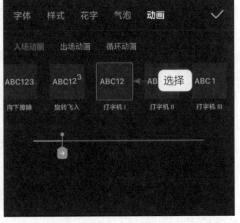

图 4-62 选择"打字机Ⅰ"动画效果

**步骤 07** 执行上述操作后，向右拖曳底部的 → 图标，调整动画效果的时长为 2.5s，如图 4-63 所示。

**步骤 08** 点击 ✓ 按钮，添加字幕动画效果，在字幕轨道中适当调整文本的时长，如图 4-64 所示。

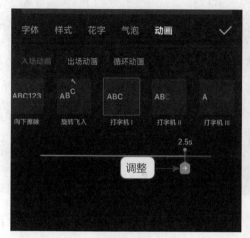

图 4-63　调整动画效果的时长　　　　　图 4-64　适当调整文本的时长

**→ 专家提醒**

　　用户在为文本添加打字动画后，可以在文本的开始位置添加一段键盘敲击音效，使文本的打字动画效果更加逼真。

# 第 5 章

# 动感音效: 享受声音的动感魅力

## ■ 本章要点

音频是短视频中非常重要的元素, 选择好的背景音乐或语音旁白, 能够让你的作品不费吹灰之力就能上热门。本章主要介绍剪映 App 的音频处理技巧, 帮助大家快速学会处理后期音频。

## 5.1　认识剪映的音乐素材库

剪映 App 中具有非常丰富的背景音乐曲库，如果想为视频素材添加背景音乐，❶ 可以在工具栏中点击"音频"按钮；❷ 或者在音频轨道中点击"添加音频"按钮，如图 5-1 所示，进入音频工具栏，如图 5-2 所示。

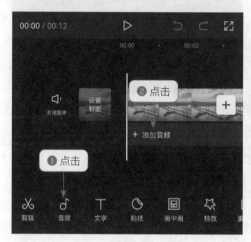

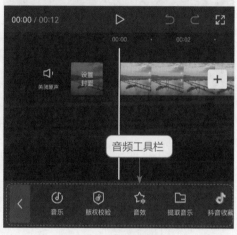

图 5-1　点击相应按钮　　　　　　　图 5-2　进入音频工具栏

点击"音乐"按钮，即可进入"添加音乐"界面，如图 5-3 所示。

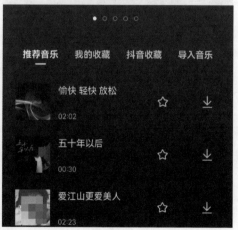

图 5-3　"添加音乐"界面

在"添加音乐"界面的上方显示了音乐素材库中的所有歌曲，并且进行了细致的分类，包括"抖音""卡点""运动""旅行""国风""舒缓""轻快""动感"以及"伤感"等曲库。选择相应的选项，即可进入对应的曲库界面，如图 5-4 所示。

图 5-4 "抖音"曲库界面和"国风"曲库界面

　　选择带有下载按钮![下载]的音乐，即可下载并试听音乐效果；音乐下载完成后，会在后方显示"使用"按钮，点击"使用"按钮，即可使用所选音乐。

　　在"添加音乐"界面的下方显示了 4 个选项卡，分别为"推荐音乐""我的收藏""抖音收藏"以及"导入音乐"。

　　"推荐音乐"选项卡中是一些比较热门的音乐，如图 5-5 所示。

　　"我的收藏"选项卡中是用户在曲库中收藏的音乐，如图 5-6 所示。

| 图 5-5 "推荐音乐"选项卡 | 图 5-6 "我的收藏"选项卡 |

　　"抖音收藏"选项卡中是用户在抖音 App 中收藏的音乐，如图 5-7 所示。

　　"导入音乐"选项卡中是通过链接下载的音乐，从视频中提取的音乐和本地下载的音乐，如图 5-8 所示。

图 5-7 "抖音收藏"选项卡　　　　　　　图 5-8 "导入音乐"选项卡

## 5.2 实例：音乐和音效，想加就加

扫一扫　看视频

在剪映 App 中，可以添加各种背景音乐和音效，让视频不再单调。本案例视频素材如图 5-9 所示。

图 5-9 视频素材展示

下面介绍在剪映 App 中为视频添加背景音乐和音效的操作步骤。

步骤 01 在剪映 App 中导入一段视频素材，点击"音频"按钮，如图 5-10 所示。

步骤 02 在弹出的面板中点击"音乐"按钮，如图 5-11 所示。

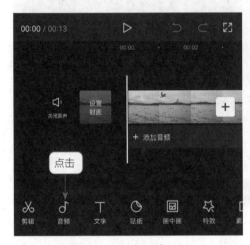

图 5-10　点击"音频"按钮

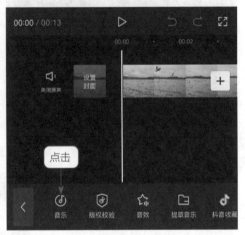

图 5-11　点击"音乐"按钮

步骤 03 进入"添加音乐"界面，❶ 切换至"我的收藏"选项卡；❷ 在下方列表中选择相应的音频素材；❸ 点击"使用"按钮，如图 5-12 所示。

步骤 04 添加背景音乐后，点击"音效"按钮，如图 5-13 所示。

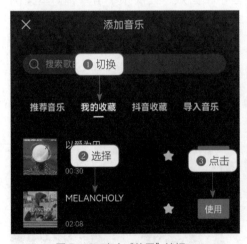

图 5-12　点击"使用"按钮

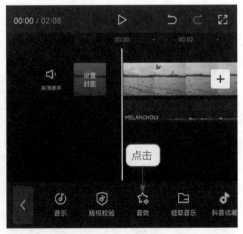

图 5-13　点击"音效"按钮

步骤 05 ❶ 在弹出的界面中切换至"动物"选项卡；❷ 下载并使用"海鸥的叫声"音效，如图 5-14 所示。

步骤 06 执行操作后，即可在第 2 条音频轨道上添加音效，如图 5-15 所示。

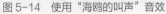

图 5-14　使用"海鸥的叫声"音效

图 5-15　添加音效

## 5.3　实例：让视频更加地"声"动

扫一扫　看效果

扫一扫　看视频

【效果展示】在剪映 App 中，可以对添加的背景音乐进行剪辑处理，让音乐与视频更加适配。本案例视频效果如图 5-16 所示。

图 5-16　剪辑音频后的视频效果展示

下面介绍使用剪映 App 剪辑音频的操作步骤。

步骤 01 在上一例效果的基础上，❶ 拖曳时间轴至视频的结尾处；❷ 选择第 1 条音频轨道中的音乐；❸ 点击"分割"按钮，如图 5-17 所示。

步骤 02 执行操作后，即可分割音频，如图 5-18 所示。

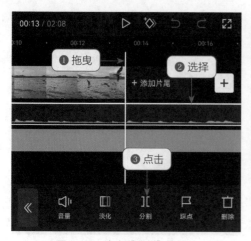

图 5-17　点击"分割"按钮

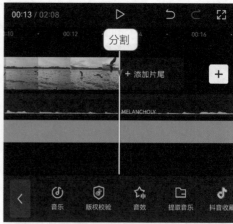

图 5-18　分割音频

步骤 03 ❶ 选择分割后的第 2 段音频；❷ 点击"删除"按钮，如图 5-19 所示，删除多余音频。

步骤 04 选择剩下的音频；点击"淡化"按钮，如图 5-20 所示。

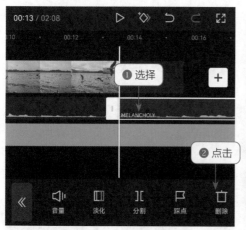

图 5-19　点击"删除"按钮

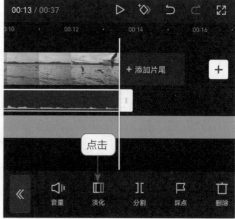

图 5-20　点击"淡化"按钮

步骤 05 进入"淡化"界面，设置"淡出时长"为 1s，如图 5-21 所示。

步骤 06 使用相同的方法剪辑音效的时长，使其与视频时长保持一致，如图 5-22 所示。

步骤 07 执行上述操作后，为音效同样设置淡出效果，返回音效二级工具栏后，点击"音量"按钮，如图 5-23 所示。

步骤 08 在"音量"界面中向左拖曳滑块，设置音量为 20，如图 5-24 所示。

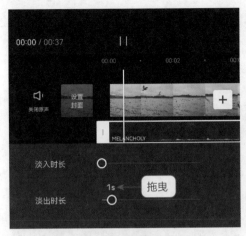

图 5-21 设置"淡出时长"参数

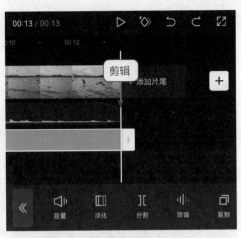

图 5-22 剪辑音效的时长

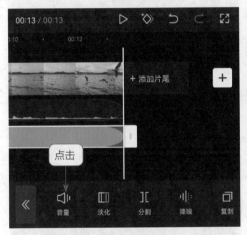

图 5-23 点击"音量"按钮

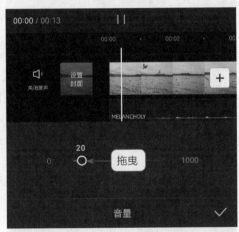

图 5-24 设置"音量"参数

## 5.4 实例：让你的声音换个样子

扫一扫 看效果

扫一扫 看视频

【效果展示】在剪映 App 中，可以直接进行录音，还可以对录制的音频进行变声处理，不仅可以给观众带来神秘感，还可以让视频更加有趣。本案例视频效果如图 5-25 所示。

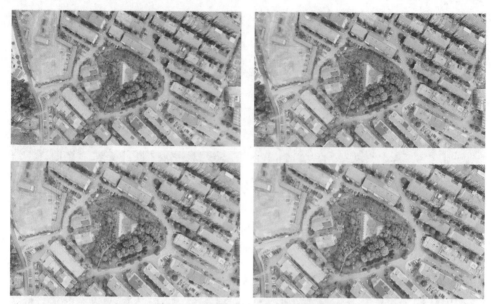

图 5-25　对音频进行变声后的视频效果展示

下面介绍使用剪映 App 对录制的音频进行变声的操作步骤。

步骤 01　❶ 在剪映 App 中导入一段视频素材，点击"音频"按钮，进入音频二级工具栏；❷ 点击"录音"按钮，如图 5-26 所示。

步骤 02　在"按住录音"界面中，长按●按钮，如图 5-27 所示，即可开始录音。

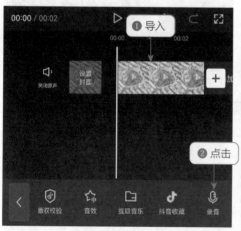

图 5-26　点击"录音"按钮

图 5-27　长按录音按钮

步骤 03　❶ 选择录制的音频；❷ 点击"变声"按钮，如图 5-28 所示。

步骤 04　进入"变声"界面后，用户可以在其中选择合适的变声效果，

❶ 这里选择"搞笑"选项卡中的"花栗鼠"变声效果；❷ 点击✔按钮后确认操作，如图 5-29 所示。至此，完成变声操作。

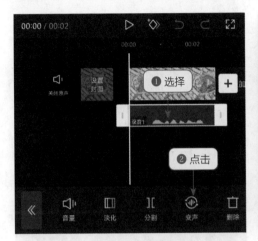

图 5-28　点击"变声"按钮

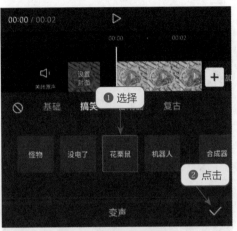

图 5-29　点击相应按钮

## 5.5　实例：轻松获取其他背景音乐

扫一扫　看效果

扫一扫　看视频

【效果展示】在剪映 App 中，当不知道其他视频中的背景音乐名称时，可以利用"提取音乐"功能提取其他视频中的背景音乐，并应用到当前视频中。本案例视频效果如图 5-30 所示。

图 5-30　提取背景音乐后的视频效果展示

下面介绍使用剪映 App 提取视频背景音乐的操作步骤。

步骤 01 ❶ 在剪映 App 中导入一段视频；❷ 点击"音频"按钮，如图 5-31 所示。

步骤 02 在音频二级工具栏中点击"提取音乐"按钮，如图 5-32 所示。

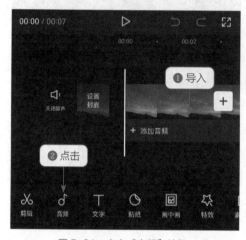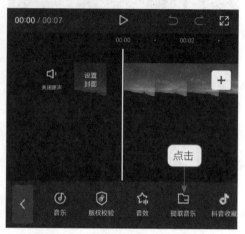

图 5-31　点击"音频"按钮　　　　　　　　图 5-32　点击"提取音乐"按钮

步骤 03 进入"照片视频"界面，选择要提取音乐的视频文件，如图 5-33 所示。

步骤 04 点击"仅导入视频的声音"按钮，如图 5-34 所示。执行操作后，即可提取其他视频中的背景音乐。

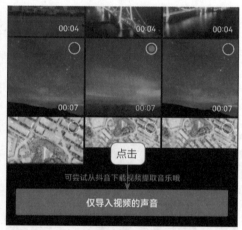

图 5-33　选择要提取音乐的视频　　　　　图 5-34　点击"仅导入视频的声音"按钮

## 5.6 练习实例：跟着音乐节拍点一起抖动

扫一扫 看效果

扫一扫 看视频

【效果展示】在剪映 App 中，可以使用"踩点"功能，一键标出背景音乐的节拍点，让视频自动踩点，制作出节奏感非常强的卡点视频，效果如图 5-35 所示。

图 5-35 卡点视频效果展示

下面介绍使用剪映 App 的"踩点"功能，制作卡点视频的操作步骤。

步骤 01 ❶ 在剪映 App 中导入 4 个视频；❷ 添加背景音乐，如图 5-36 所示。

步骤 02 ❶ 选择添加的音频；❷ 点击"踩点"按钮，如图 5-37 所示。

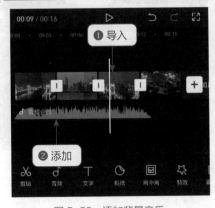
图 5-36 添加背景音乐

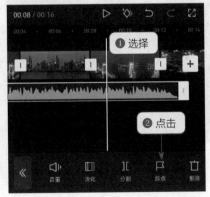
图 5-37 点击"踩点"按钮

步骤 03 进入"踩点"界面，❶ 开启"自动踩点"功能；❷ 选择"踩节拍Ⅰ"选项，如图 5-38 所示。

步骤 04 点击 ✓ 按钮，即可在音乐鼓点的位置添加对应的节拍点，节拍点以黄色的小圆点显示，如图 5-39 所示。

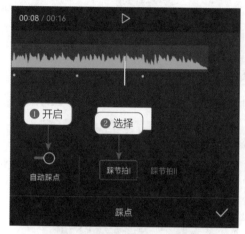

图 5-38　选择"踩节拍Ⅰ"选项

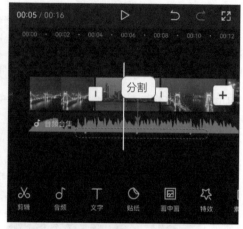

图 5-39　添加对应的节拍点

步骤 05 调整视频的持续时间，将每段视频的长度对齐音频中的黄色小圆点，如图 5-40 所示。

步骤 06 选择视频，点击"动画"按钮，❶ 给所有的视频片段添加"向左下甩入"入场动画效果；❷ 调整动画时长为最长，如图 5-41 所示。执行操作后，即可完成卡点视频的制作。

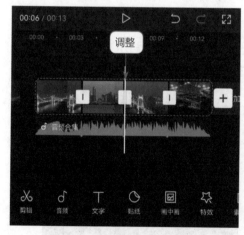

图 5-40　调整视频的持续时间

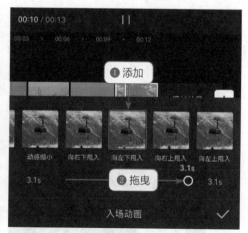

图 5-41　调整动画时长

## 第6章

# 卡点特效：制作热门的动感视频

### ■ 本章要点

卡点视频是短视频中非常火爆的一种类型，其制作方法虽然简单，但效果却很好。本章将介绍荧光线描卡点、引力甩入卡点、颜色渐变卡点以及3D立体卡点4种热门卡点案例的制作方法。

## 6.1 掌握卡点特效的关键点

卡点视频最重要的是对音乐的把控。在剪映 App 中，用户可以通过"踩点"功能为音频轨道中的音乐添加节拍点，然后根据节拍点的位置调整每个视频素材的时长，卡准音乐的鼓点，让视频更具节奏感。

为音乐添加节拍点的方法有两种。首先需要选择音频轨道中的音乐，在工具栏中点击"踩点"按钮，进入"踩点"界面，如图 6-1 所示。只有进入到"踩点"界面后，才能开始执行添加节拍点的操作。

第 1 种添加节拍点的方法是手动踩点，❶ 拖曳时间轴至鼓点的位置；❷ 点击"＋添加点"按钮，如图 6-2 所示，即可添加一个节拍点。

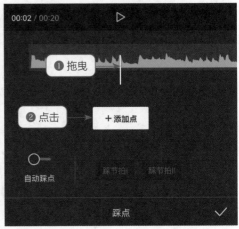

图 6-1　进入"踩点"界面　　　　图 6-2　点击"＋添加点"按钮

➤ 专家提醒

在剪映 App 中，不仅可以对音乐库中的音乐进行踩点，对从视频中提取的音频也可以进行踩点。

用户在对添加的音频手动踩点前，可以点击预览区域中的播放按钮▶️，试听音频中鼓点的位置，然后再为音频添加节拍点。

如果发现添加的节拍点不在音乐鼓点上，可以将节拍点删除。当时间轴在节拍点的位置时，"＋添加点"按钮会自动变为"－删除点"按钮，点击该按钮，如图 6-3 所示，即可删除添加的节拍点。

第 2 种添加节拍点的方法是自动踩点。在"踩点"界面中，点击"自动踩点"

按钮，即可开启"自动踩点"功能，如图6-4所示，此时"踩节拍Ⅰ"选项和"踩节拍Ⅱ"选项变为可选中状态。

图 6-3　点击"－删除点"按钮

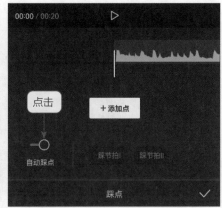

图 6-4　点击"自动踩点"按钮

选择"踩节拍Ⅰ"选项，音乐上会自动添加间隔较长的节拍点，如图6-5所示。
选择"踩节拍Ⅱ"选项，音乐上会自动添加间隔较短的节拍点，如图6-6所示。

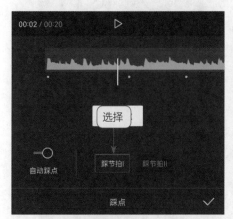

图 6-5　选择"踩节拍Ⅰ"选项

图 6-6　选择"踩节拍Ⅱ"选项

## 6.2　实例：制作荧光线描卡点特效

扫一扫　看效果

扫一扫　看视频

【效果展示】火遍全网的荧光线描卡点看似很难制作，其实非常简单，只需为视频添加"荧光线描"特效、"港漫"特效以及滑动的动画效果即可。视频效果如图6-7所示。

图6-7 荧光线描卡点特效效果展示

下面介绍使用剪映App制作荧光线描卡点特效的操作步骤。

步骤 01 ❶ 在剪映App中导入两个素材，并添加合适的卡点音乐；

② 选择添加的音乐；③ 点击下方工具栏中的"踩点"按钮，如图 6-8 所示。

步骤 02 进入"踩点"界面后，① 点击"自动踩点"按钮；② 选择"踩节拍 I"选项，如图 6-9 所示。

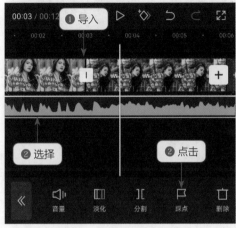

图 6-8 点击"踩点"按钮

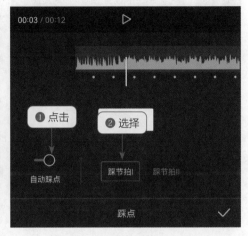

图 6-9 选择"踩节拍 I"选项

步骤 03 点击 ✓ 按钮返回，① 拖曳第 1 个素材右侧的白色拉杆，将其长度对准音频轨道中的第 1 个黄色小圆点；② 点击工具栏中的"复制"按钮，如图 6-10 所示，复制一个素材。

步骤 04 ① 拖曳时间轴至第 1 个素材的起始位置；② 点击"特效"按钮，如图 6-11 所示，进入特效二级工具栏后，点击"画面特效"按钮。

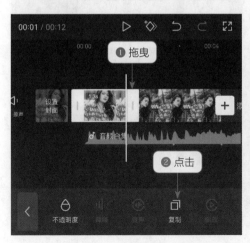

图 6-10 点击"复制"按钮

图 6-11 点击"特效"按钮

步骤 05 ① 切换至"漫画"选项卡；② 选择"荧光线描"特效，如图 6-12 所示。

步骤 **06** 点击 ✓ 按钮添加"荧光线描"特效，拖曳特效右侧的白色拉杆，使其时长与第1个素材的时长保持一致，如图6-13所示。

图 6-12　选择"荧光线描"特效

图 6-13　调整特效的时长

步骤 **07** 点击 « 按钮返回特效二级工具栏，点击"画面特效"按钮，如图6-14所示。

步骤 **08** 在"氛围"选项卡中选择"星火炸开"特效，如图6-15所示。

图 6-14　点击"画面特效"按钮

图 6-15　选择"星火炸开"特效

步骤 **09** 点击 ✓ 按钮返回，拖曳第2个特效右侧的白色拉杆，❶ 调整其长度对准音频轨道中的第2个黄色小圆点；❷ 选择第2个素材并拖曳其右侧的白色拉杆，使其长度也对准音频轨道中的第2个黄色小圆点，如图6-16所示。

步骤 **10** 点击 « 按钮返回主界面，❶ 拖曳时间轴至开始位置；❷ 依次点击"画中画"按钮和"新增画中画"按钮，如图 6-17 所示。

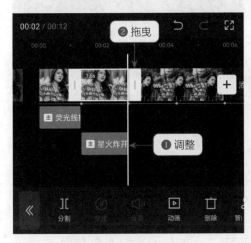

图 6-16 调整素材的时长

图 6-17 点击"新增画中画"按钮

步骤 11 再次导入第 1 个素材，并调整其结束位置与第 1 个小黄点对齐，如图 6-18 所示。

步骤 12 在预览区域中，调整画中画素材的画面大小，使其铺满屏幕，如图 6-19 所示。

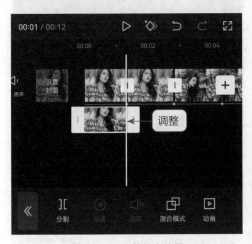

图 6-18 调整结束位置

图 6-19 调整画面大小

步骤 13 点击下方工具栏中的"抖音玩法"按钮，在"抖音玩法"界面中选择"港漫"效果，如图 6-20 所示。

步骤 14 生成漫画效果后，点击"混合模式"按钮，在"混合模式"界面中选择"滤色"选项，如图 6-21 所示。

图 6-20　选择"港漫"效果

图 6-21　选择"滤色"选项

**步骤 15** 点击 ✓ 按钮返回，❶ 选择视频轨道中的第 1 个素材；❷ 依次点击"动画"按钮和"入场动画"按钮，如图 6-22 所示。

**步骤 16** 在"入场动画"界面中，❶ 选择"向右滑动"动画效果；❷ 拖曳白色圆环滑块，调整动画时长为最长，如图 6-23 所示。

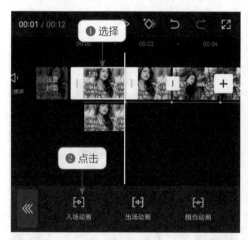

图 6-22　点击"入场动画"按钮

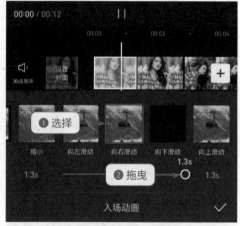

图 6-23　调整动画时长

**步骤 17** ❶ 选择画中画轨道中的第 1 个素材；❷ 依次点击"动画"按钮和"入场动画"按钮，如图 6-24 所示。

**步骤 18** ❶ 在"入场动画"界面中选择"向左滑动"动画效果；❷ 拖曳白色圆环滑块，调整动画时长为最长，如图 6-25 所示。

**步骤 19** 使用相同的操作方法，❶ 分别为后面的素材添加特效和动画效果；❷ 调整音乐的时长，如图 6-26 所示。

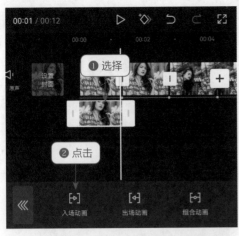

图 6-24　点击"入场动画"按钮

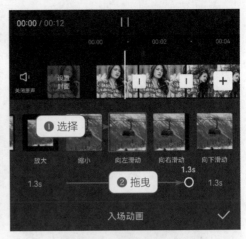

图 6-25　调整动画时长

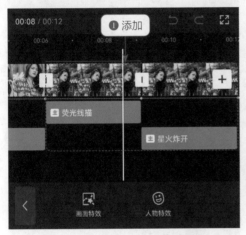

图 6-26　添加特效和动画并调整音乐时长

## 6.3　实例: 制作引力甩入卡点特效

扫一扫　看效果

扫一扫　看视频

【效果展示】引力甩入卡点短视频非常火爆，在剪映 App 中制作起来非常简单，新手也能快速学会，效果如图 6-27 所示。

图 6-27　引力甩入卡点特效效果展示

下面介绍使用剪映 App 制作引力甩入卡点特效的操作步骤。

步骤 01 ❶ 在剪映 App 中导入 5 段素材；❷ 添加相应的卡点背景音乐，如图 6-28 所示。

步骤 02 ❶ 选择音频轨道中的音乐；❷ 点击"踩点"按钮，如图 6-29 所示。

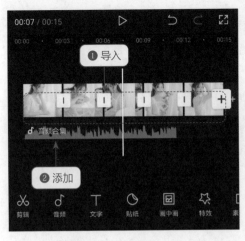

图 6-28　添加背景音乐

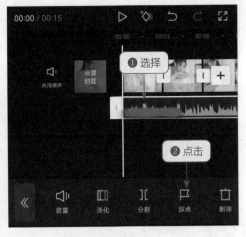

图 6-29　点击"踩点"按钮

步骤 03 进入"踩点"界面后，❶ 点击"自动踩点"按钮；❷ 选择"踩节拍Ⅰ"选项，如图 6-30 所示。

步骤 04 点击 ✓ 按钮返回主界面，❶ 选择第 1 个素材；❷ 拖曳其右侧的白色拉杆，使其长度对准音频轨道中的第 1 个黄色小圆点，如图 6-31 所示。

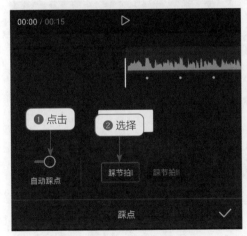

图 6-30　选择"踩节拍Ⅰ"选项

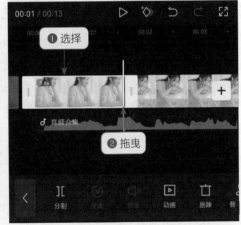

图 6-31　调整素材的时长

步骤 05 使用相同的操作方法调整每个素材的时长，对齐音频轨道中的黄色小圆点，如图 6-32 所示。

步骤 06 ❶ 选择第 2 个素材；❷ 依次点击"动画"按钮和"入场动画"按钮，如图 6-33 所示。

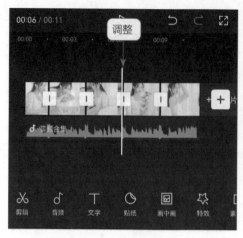

图 6-32　调整每个素材的时长

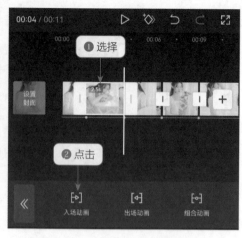

图 6-33　点击"入场动画"按钮

**步骤 07** 在"入场动画"界面中选择"向右下甩入"动画效果，如图 6-34 所示。

**步骤 08** 使用相同的操作方法，为后面的 3 段素材添加"向右下甩入"动画效果；❶ 拖曳时间轴至起始位置；❷ 在特效二级工具栏中点击"画面特效"按钮，如图 6-35 所示。

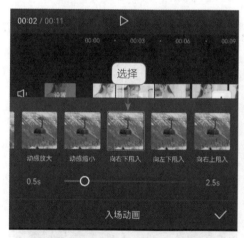

图 6-34　选择"向右下甩入"动画

图 6-35　点击"画面特效"按钮

**步骤 09** 在"基础"选项卡中选择"变清晰"特效，如图 6-36 所示。

**步骤 10** 点击✓按钮添加"变清晰"特效，拖曳特效右侧的白色拉杆，调整特效的时长，使其与第 1 段素材的时长保持一致，如图 6-37 所示。

**步骤 11** 点击《按钮返回，点击"画面特效"按钮，添加一个"星火炸开"特效，拖曳特效右侧的白色拉杆，调整特效的持续时长，使其与第 2 段视频素材的时长保持一致，如图 6-38 所示。

步骤 12 使用相同的操作方法为后面的素材添加"星火炸开"特效，如图 6-39 所示。至此，完成引力甩入卡点特效的制作。

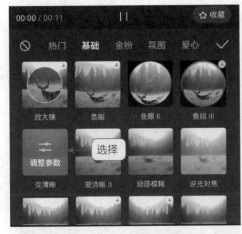

图 6-36　选择"变清晰"特效

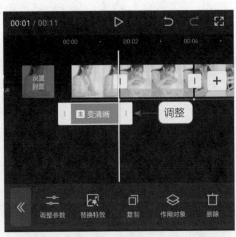

图 6-37　调整"变清晰"特效的时长

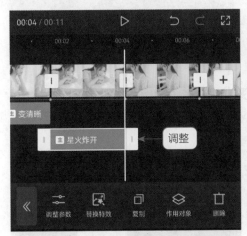

图 6-38　调整"星火炸开"特效的时长

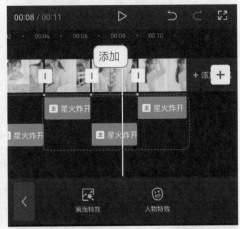

图 6-39　添加"星火炸开"特效

## 6.4　实例：制作颜色渐变卡点特效

扫一扫　看效果

扫一扫　看视频

【效果展示】渐变卡点视频是短视频卡点类型中比较热门的一种，视频画面会随着音乐的节奏点从黑白色渐变为有颜色的画面,主要使用剪映 App 的"踩点"功能和"变彩色"特效，制作出多页色渐变卡点短视频，效果如图 6-40 所示。

图 6-40　颜色渐变卡点特效效果展示

下面介绍使用剪映 App 制作颜色渐变卡点特效的操作步骤。

步骤 01 ❶ 在剪映 App 中导入 4 个视频素材;❷ 添加相应的卡点背景音乐,如图 6-41 所示。

步骤 02 ❶ 选择音频轨道中的音乐;❷ 点击"踩点"按钮,如图 6-42 所示。

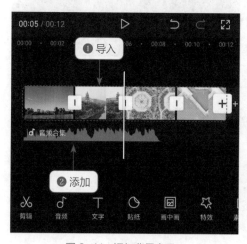
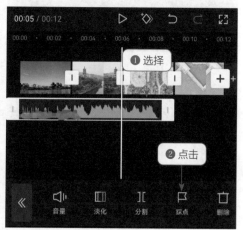

图 6-41　添加背景音乐　　　　　图 6-42　点击"踩点"按钮

步骤 03 进入"踩点"界面,❶ 将时间轴拖曳至音乐鼓点的位置;❷ 点击"+添加点"按钮,如图 6-43 所示。

步骤 04 执行操作后,即可添加一个黄色的小圆点,如图 6-44 所示。

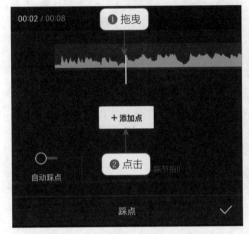

图 6-43　点击"+添加点"按钮　　　　图 6-44　添加一个黄色的小圆点

步骤 05 使用相同的方法在音频的其他鼓点位置处继续添加两个黄色小圆点,如图 6-45 所示。

步骤 06 点击 ✓ 按钮完成手动踩点,调整第 1 个素材的结束位置与第 1 个黄色小圆点的位置对齐,如图 6-46 所示。

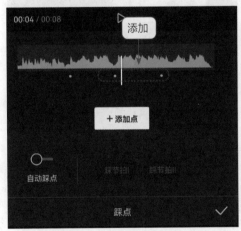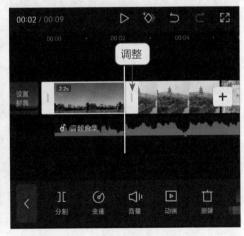

图 6-45　添加两个黄色小圆点　　　　图 6-46　调整素材的结束位置

步骤 07 使用相同的方法调整后面每个素材的时长,如图 6-47 所示。

步骤 08 ❶ 拖曳时间轴至开始位置处;❷ 点击特效二级工具栏中的"画面特效"按钮,如图 6-48 所示。

图 6-47　调整每个素材的时长

图 6-48　点击"画面特效"按钮

**步骤** 09　在"基础"选项卡中选择"变彩色"特效，如图 6-49 所示。

**步骤** 10　点击 ✓ 按钮添加特效，❶ 调整特效的时长与第 1 个素材的时长一致；
❷ 点击工具栏中的"复制"按钮，如图 6-50 所示。

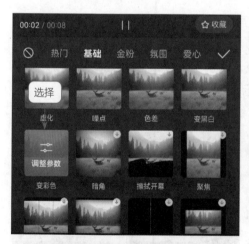

图 6-49　选择"变彩色"特效

图 6-50　点击"复制"按钮

**步骤** 11　执行操作后，即可复制一个特效，调整第 2 个特效的时长与第
2 个素材的时长一致，如图 6-51 所示。

**步骤** 12　使用相同的操作方法在第 3 个素材和第 4 个素材的下方添
加两个"变彩色"特效，并调整特效时长与素材的时长一致，如图 6-52
所示。

图 6-51　调整特效时长

图 6-52　添加并调整特效时长

## 6.5 练习实例：制作 3D 立体卡点特效

扫一扫　看效果

扫一扫　看视频

【效果展示】3D 立体卡点也叫作"希区柯克"卡点，能让照片中的人物在背景变焦中动起来，视频效果非常立体，如图 6-53 所示。

图 6-53　3D 立体卡点特效效果展示

图 6-53（续）

下面介绍使用剪映 App 制作 3D 立体卡点特效的操作步骤。

**步骤 01** 在剪映 App 中导入 4 张照片素材，如图 6-54 所示。

**步骤 02** ❶ 选择第 1 张照片素材；❷ 点击"抖音玩法"按钮，如图 6-55 所示。

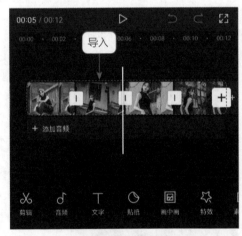
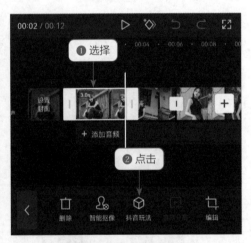

图 6-54　导入 4 张照片素材　　　　图 6-55　点击"抖音玩法"按钮

**步骤 03** 进入"抖音玩法"界面，选择"3D 运镜"效果，如图 6-56 所示，并为剩下的 3 张照片素材添加同样的"3D 运镜"效果。

**步骤 04** 添加合适的卡点音乐，❶ 选择音频轨道中的音乐；❷ 点击"踩点"按钮，如图 6-57 所示。

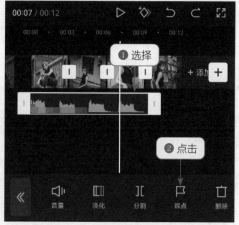

图 6-56  选择 "3D 运镜" 效果          图 6-57  点击 "踩点" 按钮

步骤 05 进入 "踩点" 界面后，❶ 点击 "自动踩点" 按钮；❷ 选择 "踩节拍Ⅰ" 选项，如图 6-58 所示。

步骤 06 点击 ✓ 按钮返回主界面，根据黄色小圆点的位置，调整每个素材的时长，如图 6-59 所示。执行操作后，即可完成 3D 立体卡点特效的制作。

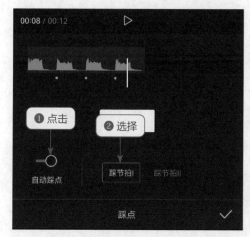

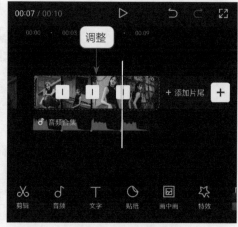

图 6-58  选择 "踩节拍Ⅰ" 选项          图 6-59  调整每个素材的时长

# 剪映

## 电脑版

黄昏美景

huang hun mei jing

第7章

合成特效：呈现出创意十足的画面

■ 本章要点

　　本章将向大家介绍如何使用剪映电脑版进行视频合成处理的方法和技巧。在抖音上经常可以刷到各种有趣又热门的蒙版合成创意视频，画面炫酷又神奇，虽然看起来很难，但只要你掌握了本章中讲解的技巧，就能轻松制作出创意十足的作品。

　视频合成特效的制作要点

　　剪映电脑版是由抖音官方出品的一款电脑剪辑软件，拥有清晰的操作界面、强大的面板功能，同时也延续了剪映 App 版全能易用的操作风格，非常适用于各种专业的剪辑场景，其界面组成如图 7-1 所示。

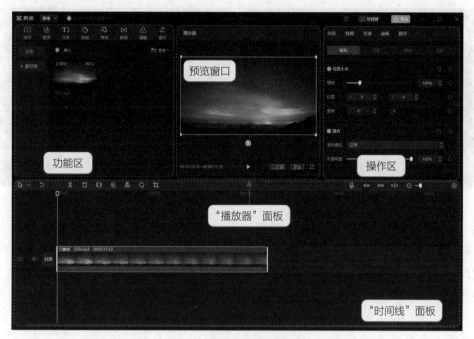

图 7-1　剪映电脑版界面组成

　　功能区：功能区中包括了剪映的媒体、音频、文本、贴纸、特效、转场、滤镜以及调节八大功能模块。

　　操作区：操作区中提供了画面、音频、变速、动画以及调节五大调整功能，当用户选择轨道上的素材后，操作区就会显示各调整功能。

　　"播放器"面板：在"播放器"面板中，单击"播放"按钮▶，即可在预览窗口中播放视频效果；单击"原始"按钮，在弹出的列表框中选择相应的画布尺寸比例，可以调整视频的画面尺寸大小。

　　"时间线"面板：该面板提供了选择、切割、撤销、恢复、分割、删除、定格、倒放、镜像、旋转以及裁剪等常用剪辑功能，当用户将素材拖曳至该面板中时，会自动生成相应的轨道。

　　在剪映电脑版的"画面"操作区中，展开"基础"选项卡，在"混合"选项区中可以通过设置混合模式来进行图像合成。"混合模式"列表框中有"正常""变亮""滤色""变暗""叠加""强光""柔光""颜色加深""线性加深""颜色减淡"以及"正片叠底"11 种混合模式可以选择，如图 7-2 所示。

在"画面"操作区中，切换至"蒙版"选项卡，如图 7-3 所示。其中提供了"线性""镜面""圆形""矩形""爱心"以及"星形"等蒙版，用户可以根据需要挑选蒙版，对视频画面进行合成处理，制作有趣又有创意的蒙版合成视频。

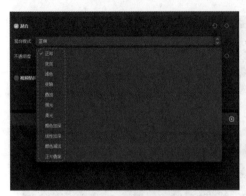

图 7-2 "混合模式"列表框

图 7-3 "蒙版"选项卡

例如，❶ 选择"星形"蒙版；❷ 在蒙版的上方会显示"反转"按钮、"重置"按钮和"添加关键帧"按钮；❸ 在蒙版下方会显示可以设置的参数选项和关键帧按钮，在其中可以设置蒙版的位置、旋转角度、大小以及边缘线的羽化程度，如图 7-4 所示。

选择蒙版后，在"播放器"面板的预览窗口中会显示蒙版的默认大小，如图 7-5 所示。拖曳蒙版四周的控制柄（"星形"蒙版的控制柄为四个顶角的白色圆圈），可以调整蒙版的大小；将光标移至蒙版的任意位置，长按鼠标左键并拖曳，可以调整蒙版的位置；长按按钮并拖曳，可以调整蒙版的旋转角度；长按按钮并拖曳，可以调整蒙版边缘线的羽化程度。

图 7-4 选择"星形"蒙版

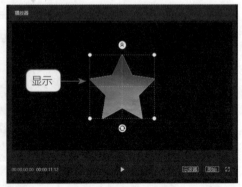

图 7-5 显示蒙版的默认大小

在"蒙版"选项卡中单击"反转"按钮⟲，可以将蒙版反转显示，即原本为黑色或背景色的部分会显示画面，原本的显示画面会变为黑色或背景色。

## 7.2　综合实例：遮挡视频中的水印

扫一扫　看效果

扫一扫　看视频

【效果展示】当要用来剪辑的视频中有水印时，可以通过剪映中的"模糊"特效和"矩形"蒙版遮挡视频中的水印，效果如图 7-6 所示。

图 7-6　水印遮挡效果展示

下面介绍在剪映中遮挡视频水印的操作步骤。

步骤 01　在剪映中导入视频素材并将其添加到视频轨道中，如图 7-7 所示。

步骤 02　❶ 切换至"特效"功能区；❷ 在"基础"选项卡中单击"模糊"特效中的"添加到轨道"按钮⊕，如图 7-8 所示。

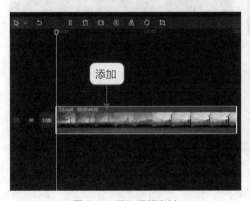
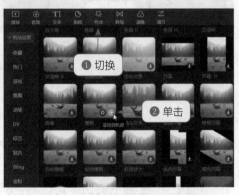

图 7-7　添加视频素材　　　　　　图 7-8　单击"添加到轨道"按钮

步骤 03 执行操作后，即可在视频上方添加一个"模糊"特效，拖曳特效右侧的白色拉杆，调整其时长与视频一致，如图 7-9 所示。

步骤 04 在界面右上角单击"导出"按钮，如图 7-10 所示。

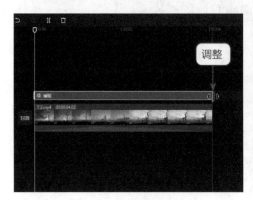

图 7-9  调整特效时长

图 7-10  单击"导出"按钮

步骤 05 弹出"导出"对话框，❶ 在其中设置导出视频的名称、位置以及相关参数；❷ 单击"导出"按钮，如图 7-11 所示。

步骤 06 稍等片刻，待导出完成后，❶ 选择轨道中的特效；❷ 单击"删除"按钮，如图 7-12 所示。

图 7-11  单击"导出"按钮

图 7-12  单击"删除"按钮

步骤 07 在"媒体"功能区中，将前面导出的模糊效果视频再次导入"本地"选项卡，如图 7-13 所示。

步骤 08 通过拖曳的方式将效果视频添加至画中画轨道中，如图 7-14 所示。

步骤 09 在"画面"操作区中，❶ 切换至"蒙版"选项卡；❷ 选择"矩形"蒙版，如图 7-15 所示。

步骤 10 在预览窗口中可以看到矩形蒙版中显示的画面是模糊的，蒙版外的画面是清晰的，如图 7-16 所示。

图 7-13　导入效果视频

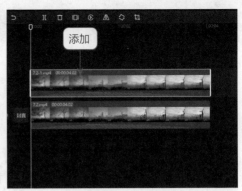

图 7-14　添加效果视频

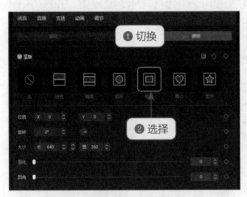

图 7-15　选择"矩形"蒙版

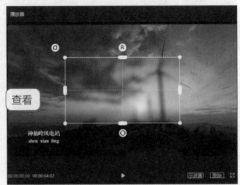

图 7-16　查看添加的矩形蒙版

**步骤 11** 拖曳蒙版四周的控制柄，调整蒙版的大小、角度，并将其拖曳至画面左下角的水印上，如图 7-17 所示。

**步骤 12** 在轨道中单击空白位置处，预览窗口中蒙版的虚线框将会隐藏起来，此时可以查看水印是否已被蒙版遮住，如图 7-18 所示。

图 7-17　调整蒙版大小、角度和位置

图 7-18　查看水印是否被遮住

## 7.3 综合实例：分屏显示多个视频

扫一扫 看效果

扫一扫 看视频

【效果展示】在抖音上，经常可以看到多个视频以不规则的形式同时展现在屏幕中，就像拼图一样分屏显示视频。很多人看得比较多，但自己却不会做，其实在剪映中应用"贴纸"功能和"线性"蒙版即可做出这样的视频效果，如图 7-19所示。

图 7-19 分屏显示多个视频效果展示

下面介绍在剪映中分屏显示多个视频的操作步骤。

**步骤 01** 在剪映中导入 3 个视频素材，如图 7-20 所示。

**步骤 02** 将视频素材依次添加至视频轨道和画中画轨道上，如图 7-21 所示。

图 7-20 导入视频素材

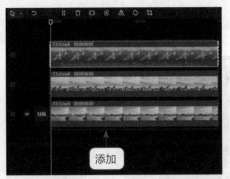

图 7-21 添加视频素材

**步骤 03** 在"播放器"面板中，❶ 设置预览窗口的画布比例为 9:16；
❷ 适当调整 3 个视频的位置，如图 7-22 所示。

**步骤 04** ❶ 切换至"贴纸"功能区；❷ 展开"边框"选项卡；❸ 在需要的
贴纸上单击"添加到轨道"按钮❺，如图 7-23 所示。

图 7-22 设置画布比例

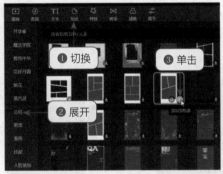

图 7-23 单击"添加到轨道"按钮

**步骤 05** 执行操作后，即可添加一个边框贴纸，如图 7-24 所示。

**步骤 06** 拖曳贴纸右侧的白色拉杆，调整贴纸的时长与视频的时长一致，
如图 7-25 所示。

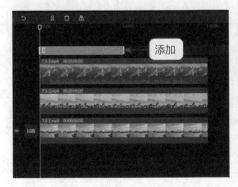

图 7-24 添加一个边框贴纸

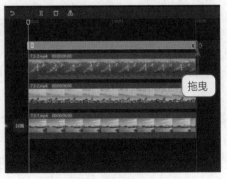

图 7-25 调整贴纸时长

步骤 **07** 在预览窗口中调整贴纸的大小和位置，如图 7-26 所示。

步骤 **08** 在视频轨道中选择第 1 个视频素材，如图 7-27 所示。

图 7-26　调整贴纸的大小和位置

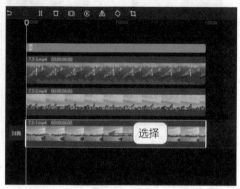

图 7-27　选择视频轨道中的素材

步骤 **09** 在预览窗口中拖曳第 1 个视频素材四周的控制柄，调整素材的大小和位置，使其刚好填充贴纸左上角的空白，如图 7-28 所示。

步骤 **10** 在画中画轨道中选择第 2 个视频素材，在预览窗口中拖曳第 2 个视频素材四周的控制柄，调整素材的大小和位置，使其刚好填充贴纸右上角的空白，如图 7-29 所示。

图 7-28　调整第 1 个素材的大小和位置

图 7-29　调整第 2 个素材的大小和位置

步骤 **11** ❶ 切换至"画面"操作区的"蒙版"选项卡；❷ 选择"线性"蒙版，如图 7-30 所示。

步骤 **12** 在预览窗口中调整蒙版的角度和位置，如图 7-31 所示。

步骤 **13** 在画中画轨道中选择第 3 个视频素材，在预览窗口中拖曳第 3 个视频素材四周的控制柄，调整素材的大小和位置，使其刚好填充贴纸下方的空白，如图 7-32 所示。

步骤 **14** ❶ 切换至"画面"操作区的"蒙版"选项卡；❷ 选择"线性"蒙版；❸ 单击"反转"按钮，如图 7-33 所示。

图 7-30　选择"线性"蒙版

图 7-31　调整蒙版的角度和位置

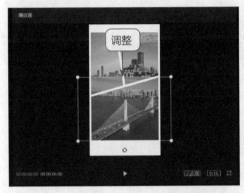

图 7-32　调整第 3 个素材的大小和位置

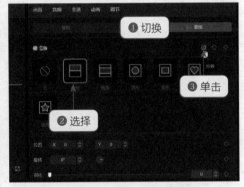

图 7-33　单击"反转"按钮

步骤 15　在预览窗口中，调整蒙版的角度和位置，如图 7-34 所示。执行上述操作后，即可完成分屏显示多个视频的制作。

图 7-34　调整蒙版的角度和位置

# 7.4  综合实例：呈现我脑海中的你

扫一扫　看效果

扫一扫　看视频

【效果展示】在剪映中，应用"圆形"蒙版和"渐显"入场动画可以制作出动静结合、具有梦幻效果的短视频。在照片上显示动态视频，看似难做，其实非常简单，效果如图 7-35 所示。

图 7-35　"呈现我脑海中的你"效果展示

下面介绍在剪映中制作"呈现我脑海中的你"视频的操作步骤。

步骤 01 在剪映中导入一张照片素材和一个视频素材，如图 7-36 所示。

步骤 02 将照片素材添加至视频轨道中，将视频素材添加至画中画轨道中，如图 7-37 所示。

步骤 03 ❶ 调整照片素材的时长与视频素材时长一致；❷ 选择画中画轨道中的视频素材，如图 7-38 所示。

步骤 04 ❶ 切换至"画面"操作区的"蒙版"选项卡；❷ 选择"圆形"蒙版，如图 7-39 所示。

图 7-36　导入照片和视频素材

图 7-37　添加相应素材

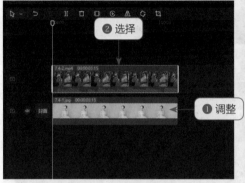

图 7-38　选择画中画素材

图 7-39　选择"圆形"蒙版

步骤 05 在预览窗口中，根据需要调整蒙版的大小、位置以及羽化效果，如图 7-40 所示。

步骤 06 切换至"基础"选项卡，在预览窗口中调整画中画素材的大小和位置，如图 7-41 所示。

图 7-40　调整蒙版效果

图 7-41　调整画中画素材的大小和位置

📌 专家提醒

为了方便调整素材画面的位置和大小，用户需要在操作区中切换至"基础"选项卡，否则无法在预览窗口中直接调整画面。

步骤 07 ❶切换至"动画"操作区的"入场"选项卡；❷选择"渐显"选项；❸设置"动画时长"参数为1.0s，如图7-42所示。至此，完成效果的制作。

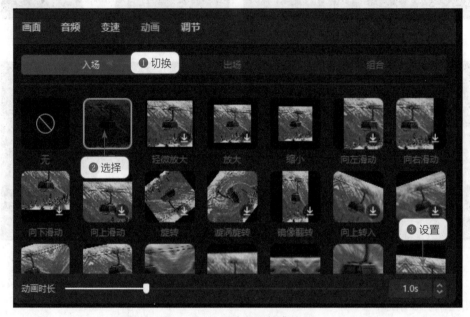

图7-42 设置"动画时长"参数

## 7.5 练习实例：热门大头特效视频

扫一扫 看效果

扫一扫 看视频

【效果展示】你会制作抖音热门的大头特效吗？一招教你在剪映中应用蒙版将其制作出来，效果如图7-43所示。

图 7-43　大头特效视频效果展示

下面介绍在剪映中制作大头特效视频的操作步骤。

步骤 01　在剪映的"媒体"功能区中导入一段音频素材和一张照片素材，如图 7-44 所示。

步骤 02　❶ 将音频素材添加到音频轨道上；❷ 将照片素材添加到视频轨道上，如图 7-45 所示。

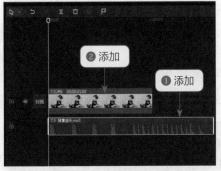

图 7-44　导入照片和音频素材　　　　图 7-45　添加相应素材

步骤 03　❶ 选择背景音乐；❷ 拖曳时间指示器至 00:00:05:00 的位置处；❸ 单击"分割"按钮￼，如图 7-46 所示。

步骤 04　❶ 选择分割后的音乐；❷ 单击"删除"按钮￼，如图 7-47 所示。

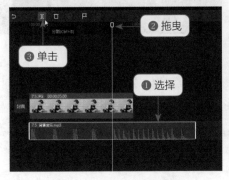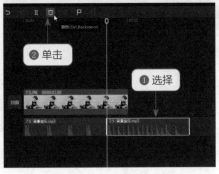

图 7-46　单击"分割"按钮　　　　　图 7-47　单击"删除"按钮

步骤 05 ❶ 拖曳时间指示器至背景音乐的合适位置；❷ 单击"手动踩点"按钮，如图 7-48 所示。

步骤 06 执行上述操作后，即可在背景音乐上添加第 1 个节拍点，节拍点以黄色的小圆点显示，如图 7-49 所示。

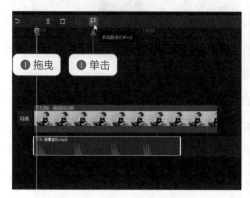

图 7-48　单击"手动踩点"按钮　　　　　　图 7-49　添加第 1 个节拍点

步骤 07 使用相同的方法在背景音乐上添加 3 个节拍点，如图 7-50 所示。

步骤 08 选择视频轨道上的素材，拖曳右侧的白色拉杆，调整其时长与音频素材时长一致，如图 7-51 所示。

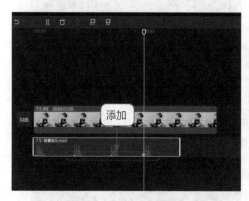

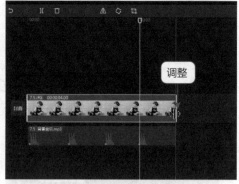

图 7-50　添加 3 个节拍点　　　　　　　图 7-51　调整照片素材时长

步骤 09 ❶ 拖曳时间指示器至第 2 个节拍点的位置；❷ 将视频轨道中的照片素材复制到画中画轨道中并调整其时长，如图 7-52 所示。

步骤 10 ❶ 切换至"画面"操作区的"蒙版"选项卡；❷ 选择"圆形"蒙版，如图 7-53 所示。

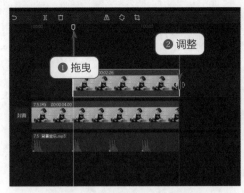

图 7-52　复制素材并调整时长

图 7-53　选择"圆形"蒙版

**步骤 11** 在预览窗口中调整蒙版的大小和位置，使其刚好圈住人物的头部，如图 7-54 所示。

**步骤 12** ❶ 切换至"画面"操作区的"基础"选项卡；❷ 设置"缩放"参数为 130%；❸ 设置"位置"参数的 X 为 -63、Y 为 -113，如图 7-55 所示。

图 7-54　调整蒙版的大小和位置

图 7-55　设置"缩放"参数和"位置"参数

**➙ 专家提醒**

本书案例中的各项参数并不是固定值，用户可以根据需要对视频参数进行调整。

**步骤 13** 执行上述操作后，即可在预览窗口中查看人物头部变大的效果，如图 7-56 所示。

**步骤 14** ❶ 选择画中画轨道中的素材；❷ 拖曳时间指示器至最后一个节拍点的位置处；❸ 单击"分割"按钮，如图 7-57 所示。

图 7-56　查看人物头部变大的效果

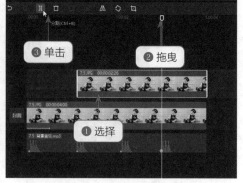

图 7-57　单击"分割"按钮

步骤 15 使用相同的方法，❶ 将时间指示器拖曳至第 3 个节拍点的位置处；❷ 单击"分割"按钮￭；❸ 选择分割出来的第 2 段画中画素材，如图 7-58 所示。

步骤 16 ❶ 切换至"画面"操作区的"基础"选项卡；❷ 单击"重置"按钮◐，将所有参数恢复为默认值，如图 7-59 所示。至此，完成大头特效视频的制作。

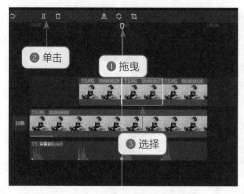

图 7-58　选择第 2 段画中画素材

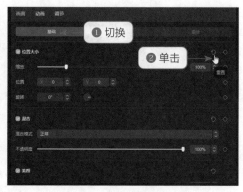

图 7-59　单击"重置"按钮

## 7.6　综合实例：使用滤色抠出文字

扫一扫　看效果

扫一扫　看视频

【效果展示】剪映为用户提供了多种混合模式，当画中画轨道中的素材背景为纯黑色时，可以使用"滤色"模式进行画面抠像，去除素材中的黑色背景，效果如图 7-60 所示。

图 7-60　抠出文字效果展示

下面介绍在剪映中使用"滤色"模式抠出文字的操作方法。

步骤 01 在剪映的"媒体"功能区中导入一个背景视频和一个文字视频，如图 7-61 所示。

步骤 02 将两个视频素材分别添加到视频轨道和画中画轨道中，如图 7-62 所示。

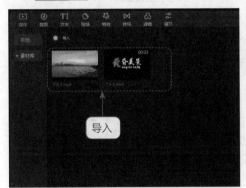

图 7-61　导入素材文件

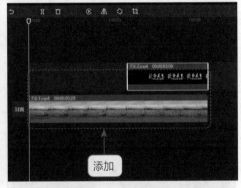

图 7-62　添加相应素材

步骤 03 选择画中画轨道中的素材，切换至"画面"操作区的"基础"选项卡，单击"混合模式"文本框，如图 7-63 所示。

步骤 04 在弹出的列表框中选择"滤色"选项，如图 7-64 所示。执行操作后，即可为画中画轨道中的素材进行抠像，清除黑色背景，留下文字。

图 7-63　单击文本框

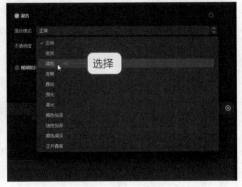

图 7-64　选择"滤色"选项

➡️ 专家提醒

在"混合模式"下方文本框的最右端有一组上下调节按钮🔘，单击方向朝上的按钮🔼，即可切换至上一个选项，单击方向朝下的按钮🔽，即可切换至下一个选项。

## 7.7 综合实例：制作综艺同款滑屏

扫一扫 看效果

扫一扫 看视频

【效果展示】综艺滑屏是一种可以展示多段视频的效果，适合用来制作旅行Vlog、综艺片头等，效果如图7-65所示。

图7-65 综艺同款滑屏效果展示

下面介绍在剪映中制作综艺同款滑屏效果的操作步骤。

步骤 01 在剪映"媒体"功能区中导入多个视频素材，如图7-66所示。

步骤 02 将第1个视频素材添加到视频轨道上，如图7-67所示。

图 7-66　导入素材文件

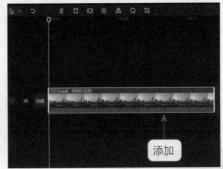

图 7-67　添加相应素材

**步骤 03** 在"播放器"面板中，❶ 设置预览窗口的画布比例为 9:16；❷ 适当调整视频的位置和大小，如图 7-68 所示。

**步骤 04** 使用相同的操作方法依次将其他视频添加到画中画轨道中，在预览窗口中调整视频的位置和大小，如图 7-69 所示。

图 7-68　调整视频位置和大小

图 7-69　调整其他视频的位置和大小

**步骤 05** 选择视频轨道中的素材，如图 7-70 所示。

**步骤 06** ❶ 切换至"画面"操作区；❷ 展开"背景"选项卡；❸ 单击"背景填充"下方的下拉按钮；❹ 在弹出的列表框中选择"颜色"选项，如图 7-71 所示。

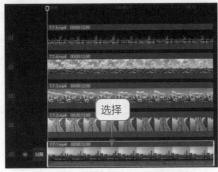

图 7-70　选择视频轨道中的素材

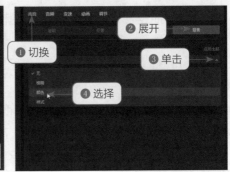

图 7-71　选择"颜色"选项

步骤 07 在"颜色"选项区中选择白色色块，如图 7-72 所示。

步骤 08 将制作的效果视频导出，新建一个草稿文件，将导出的效果视频重新导入"媒体"功能区中，如图 7-73 所示。

步骤 09 选择效果视频，按住鼠标左键并拖曳，将效果视频添加到视频轨道上，如图 7-74 所示。

步骤 10 在"播放器"面板中设置预览窗口的画布比例为 16:9，如图 7-75 所示。

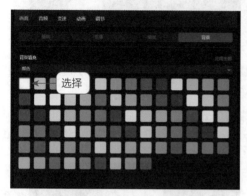

图 7-72　选择白色色块

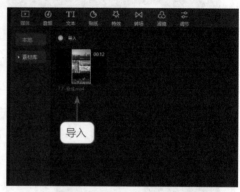

图 7-73　导入效果视频

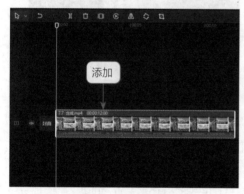

图 7-74　添加效果视频

图 7-75　设置视频画布比例

步骤 11 拖曳视频画面四周的控制柄，调整视频画面大小，使其铺满整个预览窗口，如图 7-76 所示。

步骤 12 ❶ 切换至"画面"操作区的"基础"选项卡；❷ 点亮"位置"右侧的关键帧◆，如图 7-77 所示。

步骤 13 执行操作后，❶ 即可在视频素材的开始位置添加一个关键帧；❷ 将时间指示器拖曳至结束位置，如图 7-78 所示。

步骤 14 ❶ 切换至"画面"操作区的"基础"选项卡；❷ 设置"位置"右侧的 Y 参数为 2326；❸ 此时"位置"右侧的关键帧会自动点亮◆，如图 7-79 所示。

图 7-76　调整视频画面大小

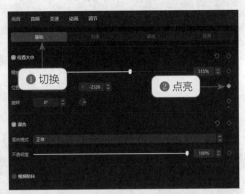

图 7-77　点亮"位置"关键帧

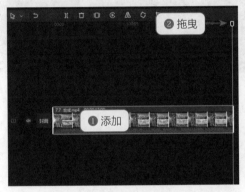

图 7-78　拖曳时间指示器

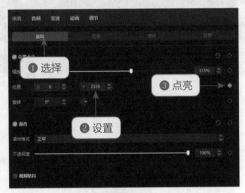

图 7-79　设置"位置"参数

步骤 15 执行操作后，在视频素材的结束位置处即可添加一个关键帧，如图 7-80 所示。

步骤 16 在预览窗口中可以查看制作的滑屏效果，如图 7-81 所示。

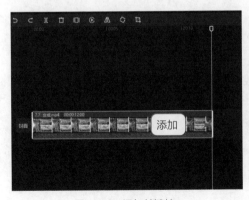

图 7-80　添加关键帧

图 7-81　查看滑屏效果

# 第 8 章

# 影视特效：用短视频做出专业效果

## ■本章要点

本章主要介绍的是电影、电视剧中几个常见的视频特效，包括人物穿越文字效果、把小玩偶变成糖果、一人饰演两个角色、人物定格逐渐消失以及空间转换特效等制作方法。

**掌握影视特效的制作要点**

　　要想在剪映中制作出各类专业的影视特效，首先需要了解一下剪映的"智能抠像"功能，该功能可以智能抠取视频中的人像，有助于用户处理人像视频，制作人物穿越文字、一人饰演两个角色以及人物定格消失等影视特效。

　　进入剪映，❶ 导入一段人像视频；❷ 在"画面"操作区中展开"抠像"选项卡，如图 8-1 所示。

图 8-1　展开"抠像"选项卡

　　其中显示了"色度抠图"和"智能抠像"两个功能，❶ 勾选"智能抠像"复选框；❷ 对画面中的人物进行抠像，如图 8-2 所示。

图 8-2　对人物进行抠像

除了“智能抠像”功能外，剪映的“特效”功能区中还提供了非常丰富的特效素材库，如图 8-3 所示。

图 8-3 “特效”功能区

用户可以根据视频需要，在“特效”功能区中找到合适的特效并应用。例如，❶ 展开“自然”选项卡；❷ 选择“落叶”特效；❸ 在预览窗口中可以预览特效应用后的效果，如图 8-4 所示。单击“添加到轨道”按钮，即可将特效添加到特效轨道中，制作秋日落叶影视特效。

图 8-4 预览“落叶”特效

## 8.2　综合实例：人物穿越文字效果

扫一扫　看效果

扫一扫　看视频

【效果展示】在剪映中制作人物穿越文字效果，需要先制作一个有人物向前行走的文字动画视频，并应用"智能抠像"功能，将背景视频中的人物抠出来，效果如图 8-5 所示。

图 8-5　人物穿越文字效果展示

下面介绍使用剪映制作人物穿越文字效果的操作步骤。

步骤 01 在剪映中，将人物视频添加到视频轨道上，如图 8-6 所示。

步骤 02 在"文本"功能区中，单击"默认文本"中的"添加到轨道"按钮➕，如图 8-7 所示。

步骤 03 执行操作后，即可在字幕轨道上添加一个默认文本，并调整文本的时长与视频时长一致，如图 8-8 所示。

步骤 04 在"文本"操作区的"基础"选项卡中，❶ 输入文本内容；❷ 设置一个合适的字体；❸ 设置"颜色"为黄色，如图 8-9 所示。

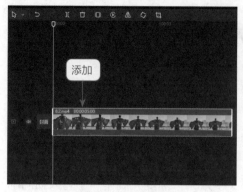

图 8-6　添加视频素材

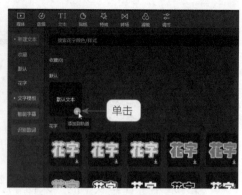

图 8-7　单击"添加到轨道"按钮

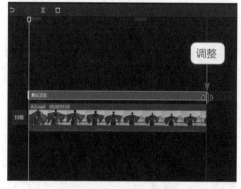

图 8-8　调整文本的时长

图 8-9　设置"颜色"为黄色

步骤 05　❶ 在"排列"选项区中，设置"字间距"参数为 10；❷ 在"位置大小"选项区中设置"缩放"参数为 90%；❸ 设置"位置"右侧的 Y 参数为 -56，如图 8-10 所示，将文本位置稍微往下移一些。

步骤 06　在"动画"操作区的"入场"选项卡中，❶ 选择"向右滑动"动画；❷ 设置"动画时长"参数为 2.0s，如图 8-11 所示。

图 8-10　设置"位置"参数

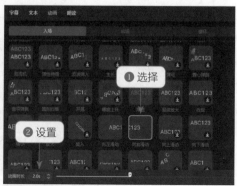

图 8-11　设置"动画时长"参数

**步骤 07** 在第 2 条字幕轨道中，再次添加一个默认文本，并调整其时长与视频时长一致，如图 8-12 所示。

**步骤 08** 在"文本"操作区的"基础"选项卡中，❶ 输入文本内容；❷ 设置一个合适的字体；❸ 设置"颜色"为黄色，如图 8-13 所示。

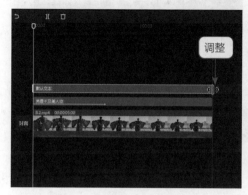

图 8-12　调整第 2 个文本的时长

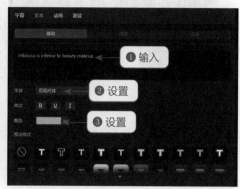

图 8-13　设置"颜色"为黄色

**步骤 09** ❶ 在"排列"选项区中设置"字间距"参数为 3；❷ 在"位置大小"选项区中设置"缩放"参数为 55%；❸ 设置"位置"右侧的 Y 参数为 -377，如图 8-14 所示，将文本位置移至第 1 个文本的下方。

**步骤 10** 在"动画"操作区的"入场"选项卡中，❶ 选择"向左滑动"动画；❷ 设置"动画时长"参数为 2.0s，如图 8-15 所示。执行上述操作后，将制作的文字视频导出备用。

图 8-14　设置"位置"参数

图 8-15　设置"动画时长"参数

**步骤 11** 新建一个草稿箱，导入文字视频和人物视频，并将文字视频和人物视频分别添加至视频轨道和画中画轨道中，如图 8-16 所示。

**步骤 12** 调整人物视频的结束位置至 00:00:02:00 的位置（即文字入场动画结束的位置），如图 8-17 所示。

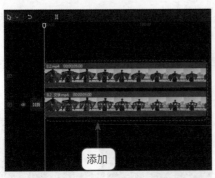

图 8-16　添加文字视频和人物视频

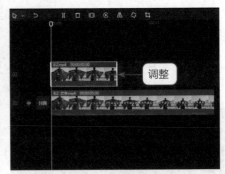

图 8-17　调整人物视频的结束位置

**步骤 13** 在"画面"操作区的"抠像"选项卡中勾选"智能抠像"复选框，如图 8-18 所示，对画面中的人物进行抠像。

**步骤 14** 拖曳时间指示器至 00:00:01:22 的位置（即人物即将穿越文字的位置），如图 8-19 所示。

图 8-18　勾选"智能抠像"复选框

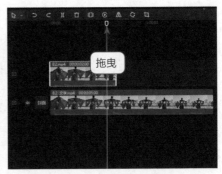

图 8-19　拖曳时间指示器

**步骤 15** 在"音频"功能区的"音效素材"选项卡中，❶ 搜索"啾嗖快速穿过"；❷ 在下方选择需要的音效并单击"添加到轨道"按钮 ⊞ ，如图 8-20 所示。

**步骤 16** 执行操作后，即可在音频轨道中添加一段音效，如图 8-21 所示，完成人物穿越文字效果的制作。

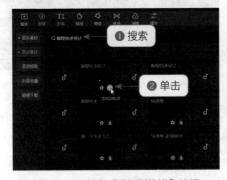

图 8-20　单击"添加到轨道"按钮

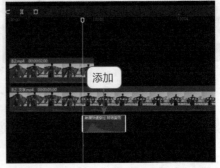

图 8-21　添加一段音效

## 8.3 综合实例：把小玩偶变成糖果

扫一扫 看效果

扫一扫 看视频

【效果展示】电视剧《西游记》中著名的"七十二变"想必大家都知道，剧中孙悟空可以随心所欲地变出各种各样的东西，还可以将 A 物品变成 B 物品，像"点石成金"这样的影视片段大家应该在各种各样的仙侠剧中都看过。在剪映中使用"魔法变身"特效，即可制作上述效果，将小玩偶变成糖果，效果如图 8-22所示。

图 8-22 把小玩偶变成糖果效果展示

下面介绍使用剪映把小玩偶变成糖果的操作步骤。

步骤 01 在剪映"媒体"功能区的"本地"选项卡中导入一个音频素材和两个视频素材，如图 8-23 所示。

步骤 02 ❶ 将两个视频素材添加到视频轨道中；❷ 将音频素材添加到音频轨道中，如图 8-24 所示。

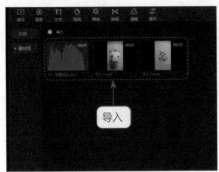

图 8-23　导入素材文件

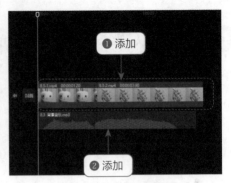

图 8-24　添加素材文件

步骤 03 选择第 2 个视频，拖曳其右侧的白色拉杆，调整其时长与音频时长一致，如图 8-25 所示。

步骤 04 ❶切换至"特效"功能区；❷展开"金粉"选项卡；❸单击"魔法变身"特效中的"添加到轨道"按钮，如图 8-26 所示。

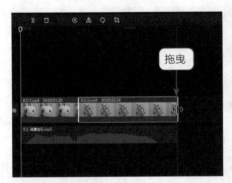

图 8-25　调整视频时长

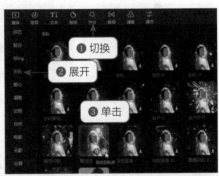

图 8-26　单击"添加到轨道"按钮

步骤 05 执行操作后，即可添加"魔法变身"特效，如图 8-27 所示。

步骤 06 拖曳特效右侧的白色拉杆，调整其结束位置与第 2 个视频的结束位置对齐，如图 8-28 所示。至此，完成特效视频的制作。

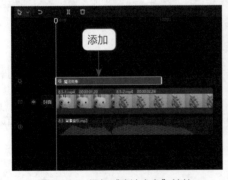

图 8-27　添加"魔法变身"特效

图 8-28　调整特效时长

→专家提醒

在使用"魔法变身"特效时，有以下两点需要注意：

（1）第 1 个视频的时长为 00:00:01:20，如果时长不一致，则达不到想要的变身效果。

（2）第 2 个视频中物体的位置需要与第 1 个视频中物体的位置一致，否则容易被观众看穿，影响视频效果。

## 8.4 综合实例：一人饰演两个角色

扫一扫 看效果

扫一扫 看视频

【效果展示】我们经常能在电影中看到一个人饰演两个角色，且这两个角色还经常同框出现的片段，常常让人怀疑是不是导演找了对双胞胎来饰演。其实这样的分身特效只需要拍摄两段人物不同神态、不同表情的视频，然后将两段视频用抠像合成，即可制作出一人分饰两角的效果，如图 8-29 所示。

图 8-29 一人饰演两个角色效果展示

下面介绍使用剪映制作一人饰演两个角色的操作步骤。

步骤 01 在剪映"媒体"功能区的"本地"选项卡中导入一个音频素材和两个视频素材，如图 8-30 所示。

步骤 02 将两个视频素材分别添加到视频轨道和画中画轨道中，将音频素材添加到音频轨道中，然后调整视频和音频的时长一致，如图 8-31 所示。

步骤 03 选择画中画轨道中的视频素材，在"画面"操作区的"抠像"选项卡中勾选"智能抠像"复选框，如图 8-32 所示，对人物进行抠像。

步骤 04 切换至"基础"选项卡，在预览窗口中调整抠取的人物位置，使其置于画面左侧，如图 8-33 所示。至此，即可完成一人饰演两个角色效果的制作。

图 8-30　导入素材文件

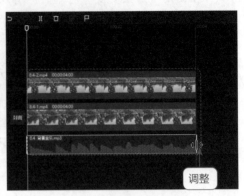

图 8-31　调整素材时长一致

图 8-32　勾选"智能抠像"复选框

图 8-33　调整抠取的人物位置

## 8.5　综合实例：人物定格逐渐消失

扫一扫　看效果

扫一扫　看视频

【效果展示】很多电影和电视剧中都有人物变成烟雾、花瓣消失的特效，还有变凤凰、变乌鸦飞走的特效，在剪映中运用粒子素材也可以做出类似的特效，效果如图 8-34 所示。

图 8-34　人物定格消失效果展示

下面介绍使用剪映制作人物定格消失的操作步骤。

**步骤 01** 在剪映"媒体"功能区的"本地"选项卡中导入一个音频素材和 3 个视频素材，如图 8-35 所示。第 1 个视频为人物缓步入镜，第 2 个视频为空镜头，第 3 个视频为花瓣粒子素材。

**步骤 02** ❶ 将第 1 个和第 2 个视频素材添加到视频轨道中；❷ 将音频素材添加到音频轨道中，如图 8-36 所示。

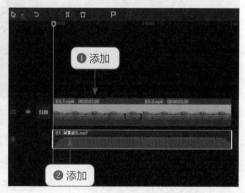

图 8-35　导入素材文件　　　　　　　图 8-36　添加素材文件

**步骤 03** ❶ 选择第 1 个视频；❷ 将时间指示器拖曳至第 1 个视频的结束位置；❸ 单击"定格"按钮▯，如图 8-37 所示。

**步骤 04** 稍等片刻，即可生成定格片段，将定格片段拖曳至画中画轨道中，如图 8-38 所示。

步骤 05 在"画面"操作区的"抠像"选项卡中,勾选"智能抠像"复选框,如图 8-39 所示,对定格片段中的人物进行抠像。

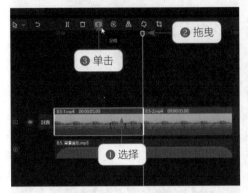
图 8-37 单击"定格"按钮

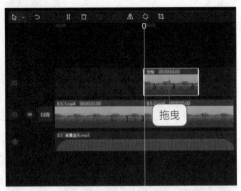
图 8-38 拖曳定格片段

图 8-39 勾选"智能抠像"复选框

步骤 06 在"动画"操作区的"出场"选项卡中, ❶ 选择"渐隐"动画; ❷ 设置"动画时长"参数为 3.0s,如图 8-40 所示,将动画时长调为最长。

步骤 07 将粒子素材添加到第 2 条画中画轨道中,注意其结束位置要与视频轨道中第 2 个视频的结束位置对齐,如图 8-41 所示。

步骤 08 在"画面"操作区中设置"混合模式"为"滤色"模式,如图 8-42 所示,去除粒子素材中的黑色背景,留下飞舞的花瓣。至此,完成人物定格逐渐消失效果的制作。

图 8-40 设置"动画时长"参数

图 8-41 添加粒子素材

图 8-42 设置"滤色"模式

## 8.6 练习实例：制作空间转换特效

扫一扫 看效果

扫一扫 看视频

【效果展示】"空间转换"，顾名思义，就是从一个空间转换到另一个空间。在剪映中使用"圆形"蒙版和关键帧等功能，可以制作瞬间穿越不同空间的特效，使两个空间自然过渡，不违和。例如，将镜头对准当前空间的某一处，慢慢将镜头推近，然后迅速推近被摄物体并穿越到另一个空间，完成空间转换，效果如图 8-43 所示。

图 8-43　空间转换效果展示

下面介绍使用剪映制作空间转换特效的操作步骤。

步骤 01　在剪映中导入两个视频素材和一个音频素材，如图 8-44 所示。

步骤 02　将视频素材分别添加到视频轨道和画中画轨道中，如图 8-45 所示。

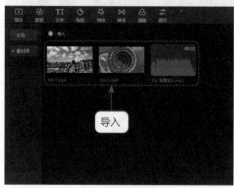
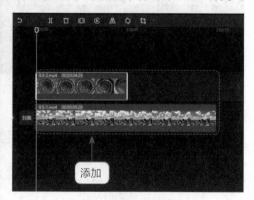

图 8-44　导入素材文件　　　　　　　图 8-45　添加素材文件

步骤 03　将时间指示器拖曳至 00:00:03:14 的位置，如图 8-46 所示。

步骤 04　在"画面"操作区的"基础"选项卡中单击"缩放"右侧的"添加关键帧"按钮，如图 8-47 所示。

步骤 05　执行操作后，❶ 即可在画中画素材上添加一个关键帧；❷ 将时间指示器拖曳至画中画素材的结束位置，如图 8-48 所示。

步骤 06 在"画面"操作区的"基础"选项卡中，❶ 设置"缩放"参数为 500%；❷ 此时右侧的关键帧按钮会自动点亮，表示自动生成关键帧，如图 8-49 所示。

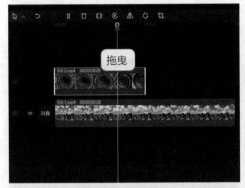

图 8-46 拖曳时间指示器

图 8-47 单击"添加关键帧"按钮

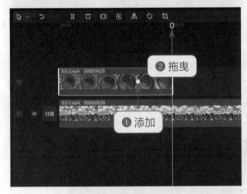

图 8-48 拖曳时间指示器

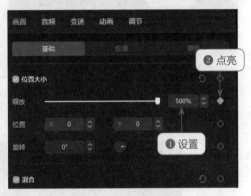

图 8-49 设置"缩放"参数

步骤 07 将时间指示器拖曳至第 1 个关键帧的位置处，在"画面"操作区中，❶ 切换至"蒙版"选项卡；❷ 选择"圆形"蒙版；❸ 在上方单击"反转"按钮 ▣，如图 8-50 所示。

步骤 08 在预览窗口中，调整蒙版的位置、大小和羽化，如图 8-51 所示。

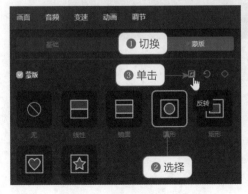

图 8-50 单击"反转"按钮

图 8-51 调整蒙版位置、大小和羽化

步骤 09 执行操作后，❶ 切换至"音频"功能区；❷ 展开"音效素材"|"转场"选项卡；❸ 找到并单击"嗖嗖"音效中的"添加到轨道"按钮➕，如图 8-52 所示。

步骤 10 执行上述操作后，即可在时间指示器的相应位置处添加"嗖嗖"音效，如图 8-53 所示。

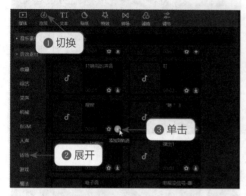

图 8-52　单击"添加到轨道"按钮

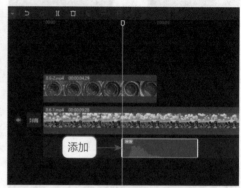

图 8-53　添加"嗖嗖"音效

步骤 11 在"媒体"功能区中，通过拖曳的方式将背景音乐添加到音频轨道中，如图 8-54 所示。在"播放器"面板中单击"播放"按钮▶，即可在预览窗口中查看制作的空间转换视频效果。

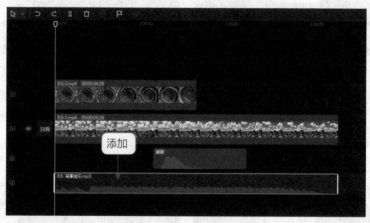

图 8-54　添加背景音乐

流光溢彩

第9章

# 电影大片: 打造炫酷的短视频特效

## ■ 本章要点

在一些短视频平台上, 经常可以刷到很多电影中常常出现的特效画面, 画面炫酷又神奇, 深受大众的喜爱, 轻轻松松就能收获百万点赞。本章将介绍电影大片中会用到的特效制作技巧, 帮助大家也能收获百万点赞。

# 9.1 认识电影中常用的特效类型

电影中通常会用到抠图特效、字幕特效、科幻特效、武侠特效以及玄幻特效等。

不管是电影还是电视剧，抠图特效都是常用的一种特效，如绿幕抠图、人物抠像。在剪映中也具备抠图、抠像的功能，主要是"色度抠图"功能和"智能抠像"功能，"智能抠像"功能在本书第8章有进行详细介绍，这里要介绍的是剪映中的"色度抠图"功能。

在剪映视频轨道中添加一个背景素材，在画中画轨道中添加一个绿幕素材，如图9-1所示。选择绿幕素材，在"画面"操作区的"抠像"选项卡中，❶勾选"色度抠图"复选框；❷单击"取色器"按钮 ✎，如图9-2所示。

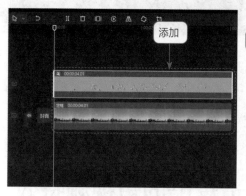

图 9-1　添加相应素材

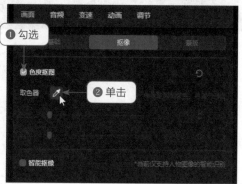

图 9-2　单击"取色器"按钮

执行操作后，鼠标指针会变为取色器，在预览窗口中，使用取色器选取绿幕素材中的绿色，如图9-3所示。执行操作后，在"抠像"选项卡中会显示抠取的颜色色块，如图9-4所示。

图 9-3　选取绿幕素材中的绿色

图 9-4　显示抠取的颜色色块

❶拖曳"强度"和"阴影"滑块，可以调整对应的参数；❷对绿幕素材中的绿色进行抠图处理，如图9-5所示。

图9-5　调整"强度"和"阴影"参数进行抠图

字幕特效在电影、电视剧中都有着重要的解说作用，为文字添加动画效果后，还能让普普通通的字幕变得更加好看、有趣，从而赋予文字更多的含义。在剪映中，不仅可以创建文字、为文字添加动画效果，还可以直接应用文字模板，节省用户制作文字特效的时间。图9-6所示为剪映"文本"功能区的"文字模板"素材库。

图9-6　"文字模板"素材库

科幻特效常用于科技大片中，科幻特效的使用频率非常高，不管是好莱坞的漫威英雄电影，还是探索宇宙的科幻电影，无一例外，都需要借助特效，才能展示出主角的厉害，实现各种场景效果。例如，漫威英雄电影中钢铁侠变身的特效、奇异博士的魔法特效等。

　　武侠特效想必是大家比较熟悉的一种。在武侠片中，特效可以说是使用得比较早的，各种道具效果和功夫演示都需要特效来完善。例如，邵氏武侠电影中的各种刀剑特效，还有以1997年的《天龙八部》为代表的金庸武侠电视剧，都少不了使用各种道具和功夫特效来达到书中所描述的武侠画面。

　　玄幻特效常用于仙侠片和神话片中，如腾云驾雾特效、召唤特效、变身特效、灵魂出窍特效、穿墙术特效、御剑飞行特效以及剑气特效等。

## 9.2　综合实例：制作电影中的卷轴开幕特效

扫一扫　看效果

扫一扫　看视频

　　【效果展示】在剪映中制作卷轴开幕特效，需要用到卷轴绿幕素材，通过"色度抠图"功能来制作卷轴开幕，然后为视频添加一个合适的文字模板，将模板中的文字内容修改后，即可完成特效的制作，效果如图9-7所示。

图9-7　卷轴开幕效果展示

下面介绍使用剪映制作卷轴开幕特效的操作步骤。

步骤 01 在剪映中导入一个背景视频素材和一个绿幕视频素材，如图 9-8 所示。

步骤 02 将两个视频分别添加到视频轨道和画中画轨道中，如图 9-9 所示。

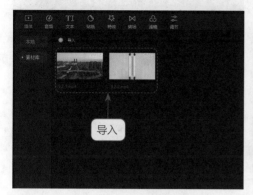

图 9-8　导入素材文件

图 9-9　添加素材文件

步骤 03 选择绿幕素材，在"画面"操作区的"抠像"选项卡中，❶ 勾选"色度抠图"复选框；❷ 单击"取色器"按钮🖊️，如图 9-10 所示。

步骤 04 在"播放器"面板的预览窗口中，使用取色器选取画面中的绿色，如图 9-11 所示。

图 9-10　单击"取色器"按钮

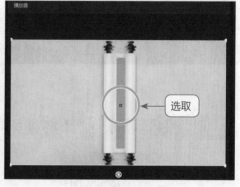

图 9-11　选取画面中的绿色

步骤 05 选取颜色后，在"画面"操作区的"抠像"选项卡中，❶ 设置"强度"参数为 90；❷ 设置"阴影"参数为 100，如图 9-12 所示，抠取画面中的绿色，显示背景视频画面。

步骤 06 拖曳时间指示器至 00:00:01:00 的位置处，在"文本"功能区中，❶ 展开"文字模板"|"片头标题"选项卡；❷ 在"人间烟火"文字模板上单击"添加到轨道"按钮➕，如图 9-13 所示。

步骤 07 执行操作后，即可将文字模板添加到字幕轨道中，如图 9-14 所示。

步骤 08 在"文本"功能区中修改原来的文本内容，如图 9-15 所示。至此，完成卷轴开幕特效的制作。

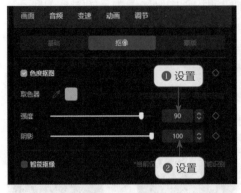

图 9-12 设置相关参数

图 9-13 单击"添加到轨道"按钮

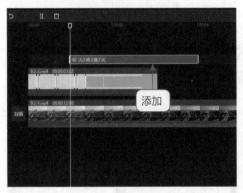

图 9-14 添加文字模板

图 9-15 修改文本内容

## 9.3 综合实例：制作影视剧中的"灵魂出窍"

扫一扫 看效果

扫一扫 看视频

【效果展示】"灵魂出窍"这样的桥段可谓是比较常见的特效，在很多玄幻剧、仙侠剧中都会用到。在剪映中，用户可以通过对人像进行抠像、调整不透明度来制作影视剧中常用的"灵魂出窍"特效，效果如图 9-16 所示。

图 9-16 "灵魂出窍"效果展示

下面介绍使用剪映制作"灵魂出窍"特效的操作步骤。

步骤 01 在剪映中导入两个人物视频，如图 9-17 所示。

步骤 02 将两个视频分别添加到视频轨道和画中画轨道中，如图 9-18 所示。

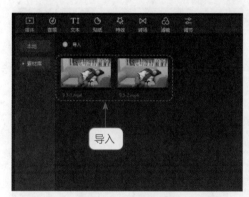

图 9-17 导入素材文件　　　　　　　图 9-18 添加素材文件

步骤 03 选择画中画轨道中的视频素材，在"画面"操作区的"抠像"选项卡中，勾选"智能抠像"复选框，如图 9-19 所示，对人物进行抠像。

步骤 04 ❶ 切换至"基础"选项卡；❷ 在"混合"选项区中设置"不透明度"参数为 50%，如图 9-20 所示。至此，完成"灵魂出窍"特效的制作。

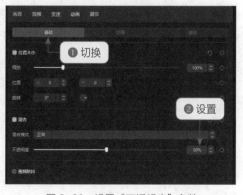

图 9-19 勾选"智能抠像"复选框　　　　图 9-20 设置"不透明度"参数

## 9.4 综合实例：制作电影中常见的穿墙术

扫一扫　看效果

扫一扫　看视频

【效果展示】在剪映中，使用"分割"功能对素材进行剪辑可以制作出人物穿墙的电影特效，效果如图 9-21 所示，人物在门前跳起后，突然穿门离去，同时只留下了一件衣服并在门前掉落。

图 9-21　穿墙术效果展示

下面介绍使用剪映制作穿墙术电影特效的操作步骤。

步骤 01 在剪映中导入一段背景音乐、一段人物在门前起跳的视频和一段衣服掉落的视频，如图 9-22 所示。

步骤 02 将两个视频素材和背景音乐分别添加到视频轨道和音频轨道中，如图 9-23 所示。

步骤 03 ❶ 选择第 1 个视频片段；❷ 拖曳时间指示器至 00:00:02:00 的位置处（即人物起跳的位置处）；❸ 单击"分割"按钮，如图 9-24 所示。

步骤 04 ❶ 选择分割出来的后半段视频；❷ 单击"删除"按钮，如图 9-25 所示，将后半段视频删除。

图 9-22 导入素材文件

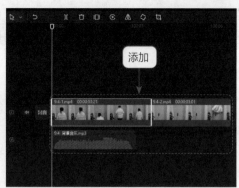

图 9-23 添加素材文件

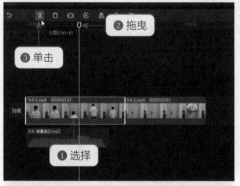

图 9-24 单击"分割"按钮

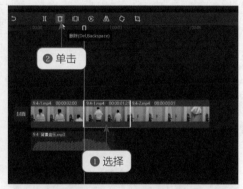

图 9-25 单击"删除"按钮

**步骤 05** 选择第 2 个视频片段，在 00:00:04:00 的位置处分割视频（即衣服掉落的位置处），如图 9-26 所示。

**步骤 06** ❶ 选择分割出来的前半段视频；❷ 单击"删除"按钮，如图 9-27 所示，将前半段视频删除。至此，完成穿墙术特效的制作。

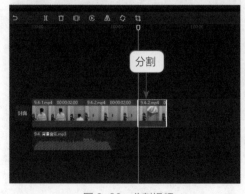

图 9-26 分割视频

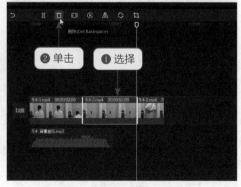

图 9-27 单击"删除"按钮

## 9.5  练习实例：制作电影中的时间快速跳转特效

扫一扫  看效果

扫一扫  看视频

【效果展示】我们经常能在荧幕上看到时间快速跳转的画面，时间或往前飞速流逝，或往后快速倒退，有从年份开始跳转的，也有从月份开始跳转的。在剪映中，为视频添加"胶片Ⅳ"特效和"放映滚动"特效可以使视频具有年代感；应用"滚入"入场动画，可以制作出文字快速滚动跳转的效果。将视频与文字相结合便可以制作出时间快速跳转的效果，如图9-28所示。

图9-28  时间快速跳转效果展示

下面介绍使用剪映制作时间快速跳转特效的操作步骤。

步骤 01 在剪映中导入一个视频素材，并将其添加到视频轨道中，如图9-29所示。

步骤 02 在"特效"功能区的"复古"选项卡中，单击"胶片Ⅳ"特效中的"添加到轨道"按钮，如图9-30所示。

图 9-29　添加视频素材　　　　　　　　图 9-30　单击"添加到轨道"按钮

**步骤 03** 执行操作后，即可将"胶片Ⅳ"特效添加到特效轨道中，并调整特效时长与视频时长一致，如图 9-31 所示。

**步骤 04** 在"特效"功能区的"复古"选项卡中单击"放映滚动"特效中的"添加到轨道"按钮，如图 9-32 所示。

图 9-31　添加"胶片Ⅳ"特效并调整时长　　图 9-32　单击"添加到轨道"按钮

**步骤 05** 执行操作后，即可添加"放映滚动"特效，如图 9-33 所示。

**步骤 06** 在"文本"功能区中单击"默认文本"中的"添加到轨道"按钮，在字幕轨道上添加一个默认文本，调整文本时长为 4 秒左右，如图 9-34 所示。

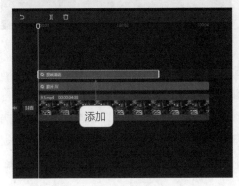

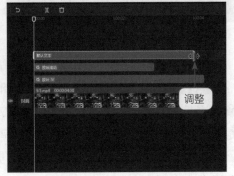

图 9-33　添加"放映滚动"特效　　　　　图 9-34　调整文本时长

步骤 07 在"文本"操作区的"基础"选项卡中，❶ 输入文本内容"20 年 6 月"；❷ 设置一个合适的字体；❸ 设置"颜色"为橙色，如图 9-35 所示。

步骤 08 在"排列"选项区中设置"字间距"参数为 1，如图 9-36 所示，将字与字之间的距离稍微拉开一些。

图 9-35 设置文本的颜色

图 9-36 设置"字间距"参数

步骤 09 在"动画"操作区的"入场"选项卡中，❶ 选择"放大"动画；❷ 设置"动画时长"参数为 0.2s，如图 9-37 所示。

步骤 10 在"出场"选项卡中，❶ 选择"放大"动画；❷ 设置"动画时长"参数为 0.5s，如图 9-38 所示。

图 9-37 设置入场"动画时长"参数

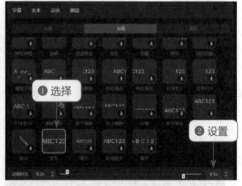

图 9-38 设置出场"动画时长"参数

步骤 11 复制制作的文本，将其粘贴至第 2 条字幕轨道中，如图 9-39 所示。

步骤 12 放大时间预览长度，使时间线面板中的时间标尺可以显示 3f，❶ 拖曳时间指示器至入场动画的结束位置处（即 00:00:00:06 的位置处，也就是时间标尺上显示了 6f 的位置）；❷ 单击"分割"按钮，将文本分割为两段；❸ 选择分割后的前一段文本；❹ 单击"删除"按钮，如图 9-40 所示，将选择的文本删除。

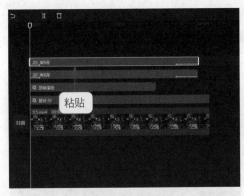

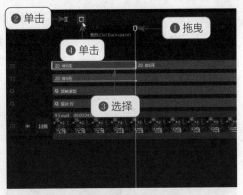

图 9-39　粘贴字幕文本　　　　　　　　图 9-40　单击"删除"按钮

步骤 13 执行操作后，选择剩下的文本，在"文本"操作区的"基础"选项卡中，❶ 修改文本内容为 22 ；❷ 修改"颜色"为白色，如图 9-41 所示。

图 9-41　修改"颜色"为白色

步骤 14 设置"位置"X 参数为 -240、Y 参数为 0，如图 9-42 所示，使白色文本置于橙色文本中的空白位置，连起来读便是"2022 年 6 月"。

步骤 15 ❶ 将时间指示器拖曳至 00:00:00:15 的位置处，也就是时间标尺上显示了 15f 的位置 ；❷ 单击"分割"按钮 ，如图 9-43 所示，将文本再次分割。

步骤 16 选择分割后的第 2 段文本，在"文本"操作区的"基础"选项卡中修改文本内容为 21，如图 9-44 所示，此时画面中的字幕连起来读便是"2021 年 6 月"，即时间向后倒退了一年。

步骤 17 使用相同的方法，❶ 将时间指示器拖曳至 00:00:00:27 的位置处，也就是时间标尺上显示了 27f 的位置；❷ 再次分割文本并修改文本内容为 20，如图 9-45 所示。

图 9-42　设置"位置"参数

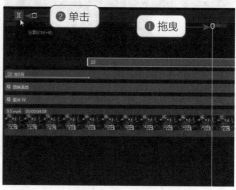

图 9-43　单击"分割"按钮

图 9-44　修改文本内容

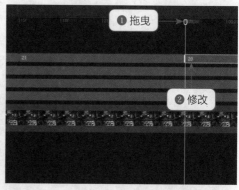

图 9-45　分割文本并修改文本内容

### 📌 专家提醒

在剪映中，00:00:01:00 表示为 1 秒；00:00:00:03 和 3f 均表示为 3 帧；1 秒由 30 帧组成。

步骤 18 使用相同的操作方法，每隔 12 帧（12f）将文本分割一次，并分别修改文本为 19、18、17、16，效果如图 9-46 所示，将时间从 2022 年 6 月一直倒退到 2016 年 6 月。

步骤 19 选择数字为 22 的文本，在"动画"操作区的"入场"选项卡中，❶ 选择"滚入"动画；❷ 设置"动画时长"参数为 0.3s，如图 9-47 所示，为文本添加滚动翻转的入场动画效果。

**步骤 20** 使用相同的方法，❶分别为后面数字为 21、20、19、18、17、16 的文本添加"滚入"入场动画；❷并设置"动画时长"参数为默认时长，如图 9-48 所示。执行上述操作后，即可制作时间快速跳转文字动画效果。

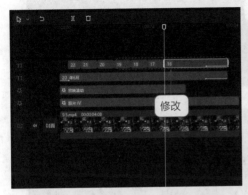

图 9-46　多次分割文本并修改内容

图 9-47　设置"动画时长"参数

图 9-48　设置"动画时长"参数

**专家提醒**

由于视频中没有背景声音，因此在将时间快速跳转文字动画制作完成后，用户可以在"音频"功能区中为视频添加背景音乐或背景音效，使视频更完整。

**步骤 21** 将时间指示器拖曳至开始位置，在"音频"功能区的"音效素材"选项卡中，❶搜索音效"投影仪放映声音音效"；❷在"投影仪放映声音音效"

音效上单击"添加到轨道"按钮，如图 9-49 所示。

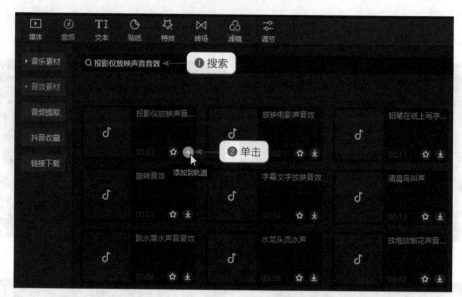

图 9-49　单击"添加到轨道"按钮

步骤 22　执行操作后，即可在音频轨道上添加一段音效，如图 9-50 所示。至此，完成效果的制作。

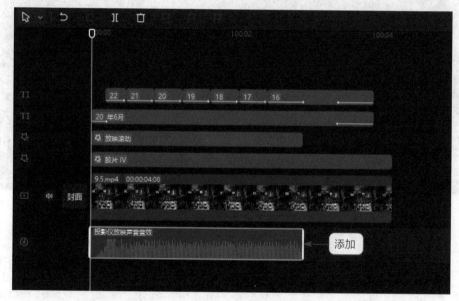

图 9-50　添加一段音效

# 第 10 章

# 动态相册：照片也能玩出 $N$ 个视频

## ◼ 本章要点

　　用一张张照片也能制作多种火爆的短视频。本章笔者将通过剪映为大家介绍制作多款动态相册视频的方法，让你轻松学会用照片制作短视频，提高你的创作能力，让你的短视频产生更强的冲击力。

**动态相册的制作要点**

　　动态相册的制作主要是为照片添加动画效果，使照片从静态变为动态。因此，在剪映中制作热门的动态相册，需要用户能够熟练掌握剪映的动画添加操作。

　　在剪映操作区中单击"动画"按钮，即可进入"动画"操作区，一般默认进入的是"入场"选项卡，如图 10-1 所示。

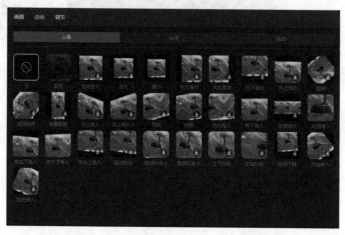

图 10-1　"动画"操作区的"入场"选项卡

　　在"入场"选项卡中，为用户提供了几十个入场动画效果，主要用于素材的开始位置，可以使素材运动入场。例如，选择"渐显"动画，即可为照片添加"渐显"动画，那么照片将会从黑色到逐渐显示全部的画面内容。切换至"出场"选项卡，如图 10-2 所示。

图 10-2　"动画"操作区的"出场"选项卡

在"出场"选项卡中，同样为用户提供了十几个出场动画效果，主要用于素材的结束位置，可以使素材运动退出画面。但需要注意的是，不论是视频还是照片，都只能添加一个入场动画或一个出场动画，不能同时添加入场动画和出场动画。

切换至"组合"选项卡，如图 10-3 所示。其中为用户提供了上百个组合动画效果，组合动画也可以理解为循环动画，因为"组合"选项卡中的每一个动画都包含了入场运动效果和出场运动效果，所以为素材添加组合动画效果后，照片从开始入场到结束退出都处于运动状态。

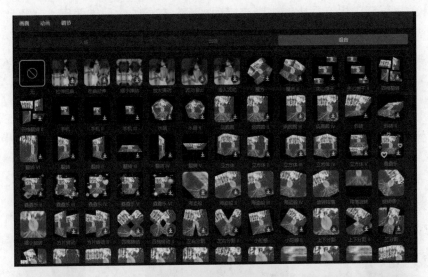

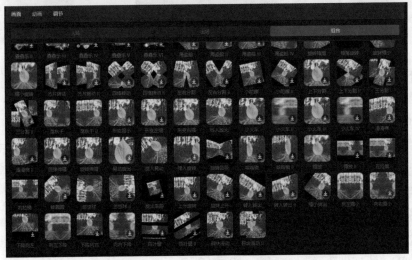

图 10-3 "动画"操作区的"组合"选项卡

## 10.2 综合实例：制作抖音热门光影特效

扫一扫　看效果

扫一扫　看视频

【效果展示】抖音很火的光影交错短视频，在剪映中只需要用1张照片、几个"光影"特效，配合音乐踩点即可制作出来，效果如图10-4所示。

图10-4　光影特效效果展示

下面介绍使用剪映制作抖音热门光影特效的操作步骤。

步骤01 在剪映中导入一张照片和一段背景音乐，并将其分别添加到视频轨道和音频轨道中，如图10-5所示。

步骤02 调整照片素材的时长与背景音乐的时长一致，如图10-6所示。

步骤03 选择背景音乐，❶拖曳时间指示器至音乐鼓点的位置；❷单击"手动踩点"按钮 ，如图10-7所示。

步骤04 在音频素材上添加多个节拍点，如图10-8所示。

步骤05 ❶切换至"特效"功能区；❷在"光影"选项卡中单击"树影Ⅱ"特效中的"添加到轨道"按钮 ，如图10-9所示。

步骤06 执行操作后，即可添加一个"树影Ⅱ"特效，拖曳特效右侧的白色拉杆，将其时长与第1个节拍点对齐，如图10-10所示。

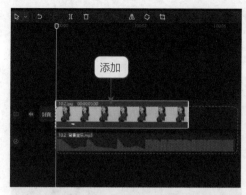

图 10-5　添加素材文件

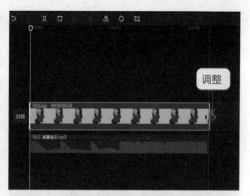

图 10-6　调整素材的时长

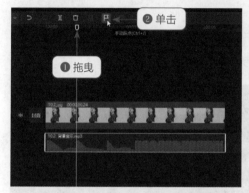

图 10-7　单击"手动踩点"按钮

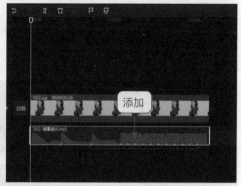

图 10-8　添加多个节拍点

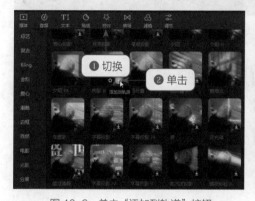

图 10-9　单击"添加到轨道"按钮

图 10-10　调整"树影Ⅱ"特效时长

步骤 07 将时间指示器拖曳至第 1 个节拍点的位置，❶ 切换至"特效"功能区；❷ 在"光影"选项卡中单击"暗夜彩虹"特效中的"添加到轨道"按钮，如图 10-11 所示。

步骤 08 执行操作后，即可添加一个"暗夜彩虹"特效，拖曳特效右侧的白色拉杆，将其时长与第 2 个节拍点对齐，如图 10-12 所示。

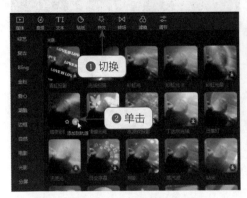

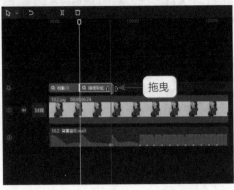

图 10-11　单击"添加到轨道"按钮　　　　图 10-12　调整"暗夜彩虹"特效时长

步骤 09 使用相同的方法，在各个节拍点的位置添加相应的光影特效，如图 10-13 所示。至此，完成光影特效的制作。

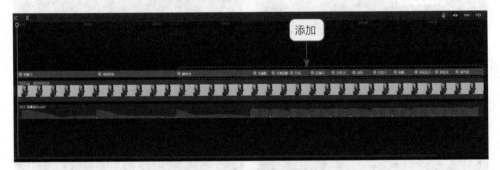

图 10-13　添加多个光影特效

## 10.3　综合实例：制作精美的儿童相册

扫一扫　看效果

扫一扫　看视频

【效果展示】使用剪映的"向下甩入"入场动画、"缩放"组合动画、"边框"特效以及"贴纸"功能等，可以将照片制作成精美的儿童相册，效果如图 10-14 所示。

图 10-14 儿童相册效果展示

下面介绍使用剪映制作抖音儿童相册的操作步骤。

步骤 01 在剪映中导入 5 张照片和一段背景音乐，并将其分别添加到视频轨道和音频轨道中，如图 10-15 所示。

步骤 02 根据背景音乐的节奏，拖曳照片素材右侧的白色拉杆，调整照片素材时长分别为 00:00:01:08、00:00:01:04、00:00:01:23、00:00:01:25 以及 00:00:01:15，如图 10-16 所示。

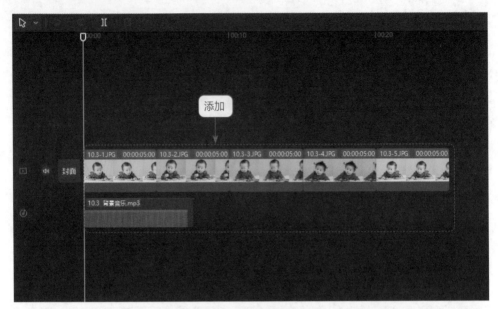

图 10-15　添加素材文件

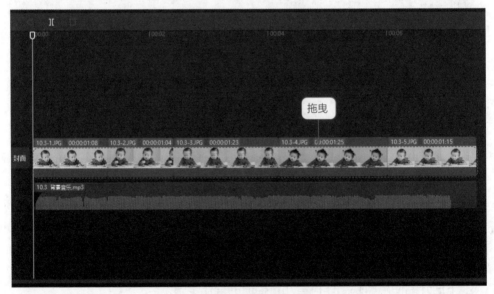

图 10-16　调整素材时长

步骤 03 选择第 1 张照片，在"播放器"面板中，❶ 设置画布比例为 9:16；
❷ 在预览窗口中调整素材的位置，如图 10-17 所示，在"画面"操作区的"基础"
选项卡中可以查看素材的位置参数。

步骤 04 按住 Ctrl 键的同时，选择其他 4 张照片，在"画面"操作区的"基础"
选项卡中，设置"位置"右侧的 Y 参数为 –475，如图 10-18 所示。执行操作后，即可使所有的素材位置一致。

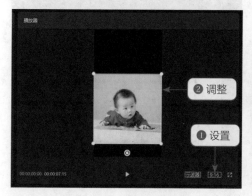

图 10-17　调整视频的位置

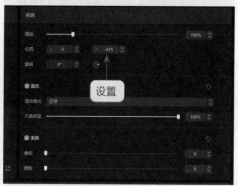

图 10-18　设置"位置"的 Y 参数

步骤 05　选择任意一张照片素材，❶ 切换至"画面"操作区的"背景"选项卡中；❷ 单击"背景填充"下拉按钮；❸ 在弹出的下拉列表框中选择"模糊"选项，如图 10-19 所示。

步骤 06　在"模糊"选项区中，❶ 选择第 3 个模糊样式；❷ 单击"应用全部"按钮，如图 10-20 所示。执行操作后，即可将模糊样式应用到全部素材上。

图 10-19　选择"模糊"选项

图 10-20　设置背景模糊效果

步骤 07　❶ 切换至"特效"功能区；❷ 展开"边框"选项卡；❸ 单击"白色线框"特效中的"添加到轨道"按钮，如图 10-21 所示。

步骤 08　执行操作后，即可添加一个"白色线框"特效，通过拖曳白色拉杆的方式，调整特效时长，如图 10-22 所示。

步骤 09　❶ 切换至"贴纸"功能区的 Vlog 选项卡中；❷ 选择一个太阳贴纸并单击"添加到轨道"按钮，如图 10-23 所示。

步骤 10　执行操作后，即可添加一个太阳贴纸，通过拖曳白色拉杆的方式调整贴纸的时长，如图 10-24 所示。

图 10-21　单击"添加到轨道"按钮

图 10-22　调整特效时长

图 10-23　单击"添加到轨道"按钮

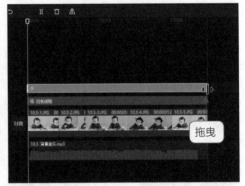

图 10-24　调整太阳贴纸的时长

步骤 11　❶ 切换至"贴纸"功能区的"萌娃"选项卡中；❷ 单击"快乐成长"贴纸中的"添加到轨道"按钮➕，如图 10-25 所示。

步骤 12　执行操作后，即可添加一个"快乐成长"贴纸，通过拖曳白色拉杆的方式调整贴纸的时长，如图 10-26 所示。

图 10-25　单击"添加到轨道"按钮

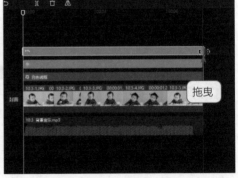

图 10-26　调整"快乐成长"贴纸的时长

步骤 13 在预览窗口中调整两个贴纸的大小和位置，如图 10-27 所示。

步骤 14 选择第 1 张照片，❶ 切换至"动画"操作区的"入场"选项卡中；❷ 选择"向下甩入"动画；❸ 设置"动画时长"参数为 1.3s，如图 10-28 所示。

图 10-27　调整两个贴纸的大小和位置

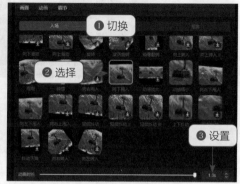

图 10-28　设置"动画时长"的参数

步骤 15 在视频轨道中选择第 2 张照片，如图 10-29 所示。

步骤 16 ❶ 切换至"动画"操作区的"组合"选项卡中；❷ 选择"缩放"动画，如图 10-30 所示。

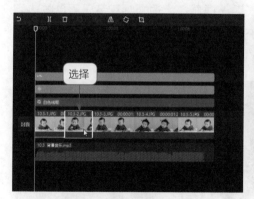

图 10-29　选择第 2 张照片

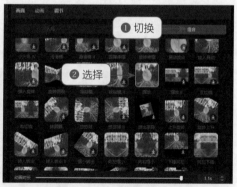

图 10-30　选择"缩放"动画

步骤 17 执行操作后，使用同样的方法为第 3 张照片和第 4 张照片添加"缩放"组合动画，选择第 5 张照片，在"动画"操作区的"入场"选项卡中，❶ 选择"动感缩小"动画；❷ 设置"动画时长"参数为 1.0s，如图 10-31 所示。

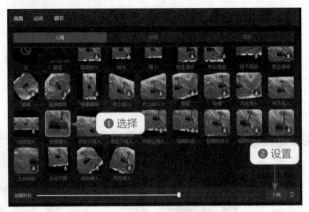

图 10-31　设置"动画时长"的参数

## 10.4　综合实例：制作青春少年动态相册

扫一扫　看效果

扫一扫　看视频

　　【效果展示】《少年》这首 BGM 曾长期占据着各大短视频和音乐平台的热门排行榜，高亢的歌声、动听的旋律以及充满正能量的歌词，用这首歌作为背景音乐制作出来的短视频可以引发无数网友的共鸣，效果如图 10-32 所示。

图 10-32　青春少年动态相册效果展示

图 10-32（续）

下面介绍在剪映中使用《少年》作为背景音乐，制作青春少年动态相册视频的操作步骤。

**步骤 01** 在剪映"媒体"功能区的"本地"选项卡中导入一段背景音乐和 5 张照片，如图 10-33 所示。

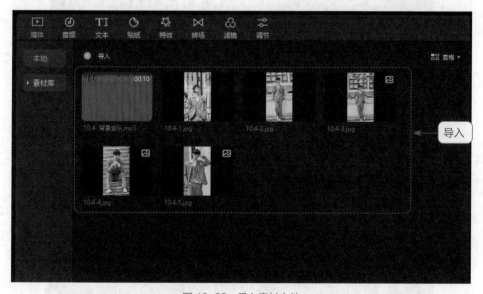

图 10-33　导入素材文件

**步骤 02** 将照片和背景音乐分别添加到视频轨道和音频轨道中，如图 10-34 所示。

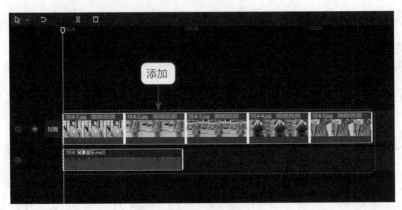

图 10-34　添加素材文件

**步骤 03** 在视频轨道中，将第 1 张照片的时长调整为 00:00:03:16，将其他照片的时长调整为 00:00:01:16，如图 10-35 所示。

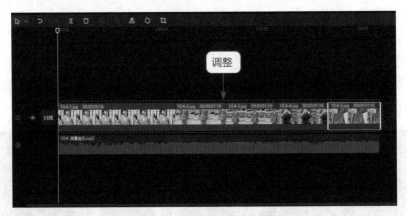

图 10-35　调整照片素材的时长

**步骤 04** 在视频轨道中选择第 1 张照片，如图 10-36 所示。

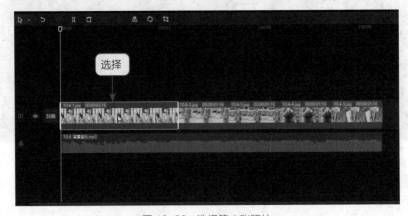

图 10-36　选择第 1 张照片

**步骤 05** ❶ 切换至"动画"操作区的"入场"选项卡中；❷ 选择"缩小"动画，添加动画效果，如图 10-37 所示。

**步骤 06** 分别选择后面的 4 张照片，在"动画"操作区的"入场"选项卡中选择"向左下甩入"动画，如图 10-38 所示，为 4 张照片素材添加入场动画。

图 10-37  选择"缩小"动画

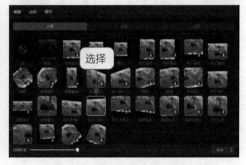

图 10-38  选择"向左下甩入"动画

**步骤 07** 执行操作后，将时间指示器拖曳至开始位置处，❶ 切换至"特效"功能区，在"基础"选项卡中找到"变清晰"特效；❷ 单击"添加到轨道"按钮 ，如图 10-39 所示。

**步骤 08** 执行操作后，即可将"变清晰"特效添加到第 1 张照片的上方，并调整特效时长与第 1 张照片的时长一致，如图 10-40 所示。

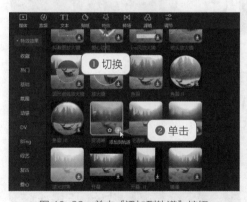

图 10-39  单击"添加到轨道"按钮

图 10-40  调整"变清晰"特效的时长

**步骤 09** 在"特效"功能区中，❶ 切换至"氛围"选项卡；❷ 单击"星火Ⅱ"特效中的"添加到轨道"按钮 ，如图 10-41 所示。

**步骤 10** 将"星火Ⅱ"特效添加到第 2 张照片素材的上方，并适当调整其时长，如图 10-42 所示。

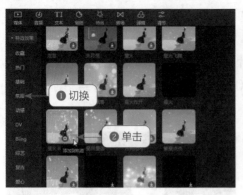

图 10-41　单击"添加到轨道"按钮

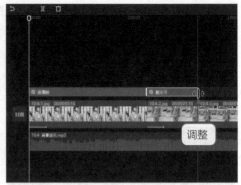

图 10-42　调整"星火Ⅱ"特效的时长

**步骤 11** 复制多个"星火Ⅱ"特效，将其粘贴到其他素材文件的上方，如图 10-43 所示。

**步骤 12** ❶ 单击"文本"按钮；❷ 切换至"识别歌词"选项卡；❸ 单击"开始识别"按钮，如图 10-44 所示。

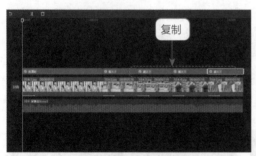

图 10-43　复制并粘贴特效

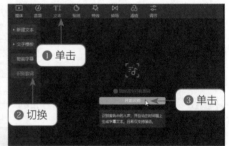

图 10-44　单击"开始识别"按钮

**步骤 13** 稍等片刻，即可自动生成对应的歌词字幕，如图 10-45 所示。

**步骤 14** 拖曳时间指示器至文本的位置，在"文本"操作区的"花字"选项卡中选择相应的花字模板，如图 10-46 所示。

图 10-45　生成歌词字幕

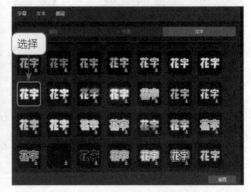

图 10-46　选择相应的花字模板

　　当识别出来的歌词字幕有错误时，用户可以在"文本"操作区的"基础"
选项卡中修改字幕内容。

　　步骤 15 在预览窗口中，适当调整歌词的位置，如图 10-47 所示。

　　步骤 16 ❶ 切换至"动画"操作区的"入场"选项卡中；❷ 选择"收拢"动画；
❸ 将"动画时长"参数设置为 1.0s，如图 10-48 所示。为所有的歌词字幕添加
文本动画效果后，即可在预览窗口中播放视频。

图 10-47　调整歌词位置

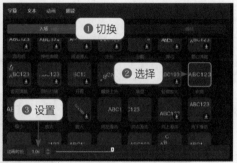

图 10-48　设置"动画时长"参数

　　在剪映中，用户不仅可以使用"转场"功能来实现素材与素材之间的切换，
也可以利用"动画"功能来做转场，能够让各个素材之间的连接更加紧密。

## 10.5　综合实例：制作真爱一生婚庆相册

扫一扫　看效果

扫一扫　看视频

　　【效果展示】使用剪映的"滤色"混合模式功能合成粒子视频素材，同时加上"悠
悠球"和"碎块滑动Ⅱ"视频动画，以及各种氛围特效，可以将两张照片制作成
浪漫温馨的短视频效果，如图 10-49 所示。

图 10-49　真爱一生婚庆相册效果展示

下面介绍在剪映中制作真爱一生婚庆相册的操作步骤。

步骤 01 在剪映中导入一个爱心粒子视频素材、一段背景音乐和 2 张照片素材，如图 10-50 所示。

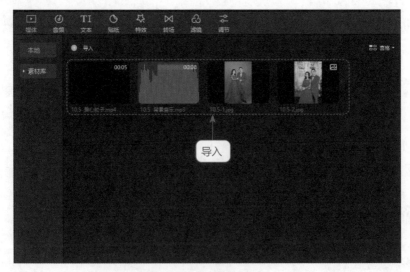

图 10-50　导入素材文件

**步骤 02** 将 2 张照片素材添加到视频轨道中，如图 10-51 所示。

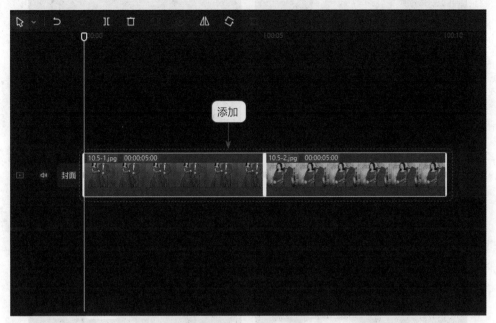

图 10-51　添加照片素材

**步骤 03** 拖曳第 1 张照片素材右侧的白色拉杆，❶ 调整素材时长为 00:00:02:05；❷ 将爱心粒子视频素材添加到画中画轨道中的结束位置处，如图 10-52 所示。

**步骤 04** 选择画中画轨道中的视频素材，❶ 切换至"画面"操作区；❷ 设置"混合模式"为"滤色"模式，如图 10-53 所示。

图 10-52　将视频素材添加到画中画轨道

图 10-53　设置"混合模式"为"滤色"选项

**步骤 05** 在预览窗口中调整爱心粒子素材的大小和位置，如图 10-54 所示。

**步骤 06** 在视频轨道中选择第 1 张照片素材，如图 10-55 所示。

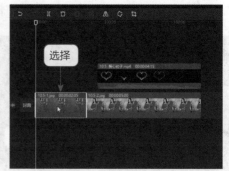

图 10-54　调整爱心粒子素材的大小和位置　　　图 10-55　选择第 1 张照片素材

**步骤 07** ❶ 切换至"动画"操作区；❷ 在"组合"选项卡中选择"悠悠球"动画，如图 10-56 所示，为照片添加动画效果。

**步骤 08** 在视频轨道中选择第 2 张照片素材，如图 10-57 所示。

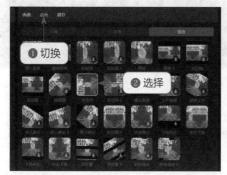

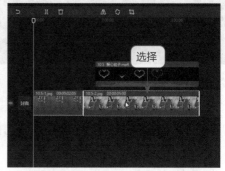

图 10-56　选择"悠悠球"动画　　　　　图 10-57　选择第 2 张照片素材

**步骤 09** ❶ 切换至"动画"操作区；❷ 在"组合"选项卡中选择"碎块滑动Ⅱ"动画，如图 10-58 所示，为第 2 张照片素材添加动画效果。

**步骤 10** ❶ 切换至"特效"功能区；❷ 在"金粉"选项卡中选择"飘落闪粉"特效，如图 10-59 所示。

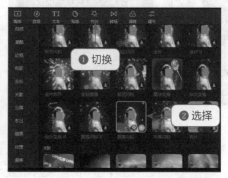

图 10-58　选择"碎块滑动Ⅱ"动画　　　图 10-59　选择"飘落闪粉"特效

**步骤 11** 单击"添加到轨道"按钮➕，为第 1 张照片素材添加"飘落闪粉"特效，并调整其时长与第 1 张照片的时长一致，如图 10-60 所示。

**步骤 12** 执行操作后，将时间指示器拖曳至第 2 张照片的开始位置处，❶ 切换至"特效"功能区的"爱心"选项卡中；❷ 单击"爱心缤纷"特效中的"添加到轨道"按钮➕，如图 10-61 所示。

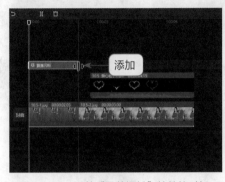

图 10-60　调整"飘落闪粉"特效的时长　　　图 10-61　单击"添加到轨道"按钮

**步骤 13** 执行上述操作后，即可为第 2 张照片添加"爱心缤纷"特效，拖曳特效右侧的白色拉杆，调整特效时长与第 2 张照片的时长一致，如图 10-62 所示。

**步骤 14** 执行操作后，在音频轨道中添加背景音乐，如图 10-63 所示。在预览窗口中播放视频，即可查看制作的视频效果。

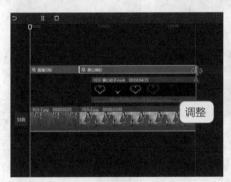

图 10-62　调整"爱心缤纷"特效的时长　　　图 10-63　添加背景音乐

## 10.6　练习实例：制作动态写真个人相册

扫一扫　看效果　　　　　　　　　　　扫一扫　看视频

【效果展示】在剪映的"特效"功能区中提供了多款 Bling 特效，在视频中加入不同的 Bling 特效，可以产生不同的光芒闪烁效果。使用 Bling 特效、"组合"动画以及"模糊"背景填充等功能，可以将多张写真照片制作成动态视频，效果如图 10-64 所示。

图 10-64  动态写真个人相册效果展示

下面介绍在剪映中制作动态写真个人相册的操作步骤。

步骤 01 在剪映中导入一段背景音乐和多张照片，如图 10-65 所示。

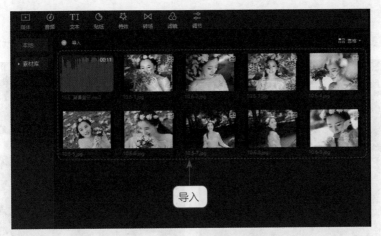

图 10-65　导入素材文件

**步骤 02** 将照片素材依次添加到视频轨道中，如图 10-66 所示。

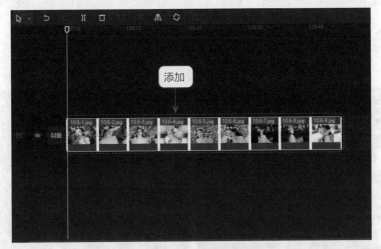

图 10-66　添加照片素材

**步骤 03** 通过拖曳照片素材上的白色拉杆，调整第 1 张照片素材的时长为 00:00:03:00、调整第 2 张照片素材的时长为 00:00:01:00、调整第 3 ～ 9 张照片素材的时长均为 00:00:00:26，如图 10-67 所示。

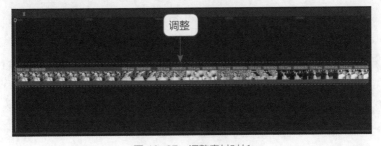

图 10-67　调整素材时长

**步骤 04** 选择第 1 张照片素材，如图 10-68 所示。

**步骤 05** ❶ 切换至"动画"操作区；❷ 展开"组合"选项卡，如图 10-69 所示。

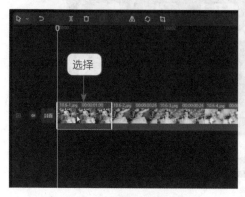

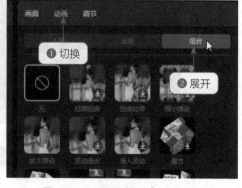

图 10-68 选择第 1 张照片素材　　　　图 10-69 展开"组合"选项卡

**步骤 06** 选择"降落旋转"动画，注意不要改变"动画时长"的参数，设置"动画时长"参数为最长，如图 10-70 所示。

**步骤 07** 选择视频轨道中的第 2 张照片素材，在"动画"操作区的"组合"选项卡中选择"旋转降落"动画，如图 10-71 所示。

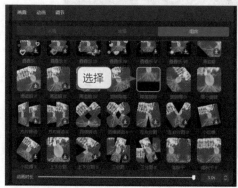

图 10-70 选择"降落旋转"动画　　　　图 10-71 选择"旋转降落"动画

**步骤 08** 选择视频轨道中的第 3 张照片素材，在"动画"操作区的"组合"选项卡中选择"旋入晃动"动画，如图 10-72 所示。

**步骤 09** 选择视频轨道中的第 4 张照片素材，在"动画"操作区的"组合"选项卡中选择"荡秋千"动画，如图 10-73 所示。

**步骤 10** 选择视频轨道中的第 5 张照片素材，在"动画"操作区的"组合"选项卡中选择"荡秋千Ⅱ"动画，如图 10-74 所示。

**步骤 11** 选择视频轨道中的第 6 张照片素材，在"动画"操作区的"组合"选项卡中选择"旋转降落"动画，如图 10-75 所示。

图 10-72　选择"旋入晃动"动画

图 10-73　选择"荡秋千"动画

图 10-74　选择"荡秋千Ⅱ"动画

图 10-75　选择"旋转降落"动画

步骤 12 使用相同的方法，❶ 为第 7~9 张照片素材添加与第 4~6 张照片素材相同的动画效果；❷ 将时间指示器拖曳至开始位置处；❸ 选择第 1 张照片素材，如图 10-76 所示。

步骤 13 在"播放器"面板的右下角，❶ 单击相应按钮；❷ 在弹出的下拉列表框中选择"9:16（抖音）"选项，如图 10-77 所示。

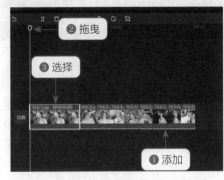

图 10-76　选择第 1 张照片素材

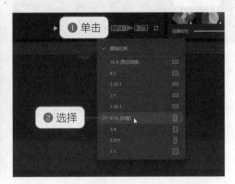

图 10-77　选择"9:16（抖音）"选项

步骤 14 执行操作后，即可调整视频的画布比例，如图 10-78 所示。

步骤 15 ❶ 切换至"画面"操作区；❷ 展开"背景"选项卡；❸ 单击"背景填充"下方的下拉按钮；❹ 在弹出的下拉列表框中选择"模糊"选项，如图 10-79 所示。

图 10-78 调整视频的画布比例

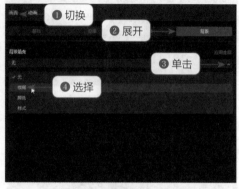

图 10-79 选择"模糊"选项

步骤 16 在"模糊"选项区中，❶ 选择第 2 个样式；❷ 此时面板中会弹出信息提示框，提示用户背景已添加到所选择的片段上，如图 10-80 所示。

步骤 17 单击面板中的"应用全部"按钮，即可将当前背景设置应用到视频轨道的全部素材片段上，如图 10-81 所示。

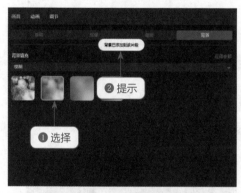

图 10-80 弹出信息提示框

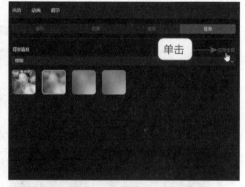

图 10-81 单击"应用全部"按钮

步骤 18 在预览窗口中，可以查看背景模糊效果，如图 10-82 所示。

步骤 19 再次将时间指示器拖曳至开始位置处，切换至"特效"功能区，如图 10-83 所示。

图 10-82 查看背景模糊效果

图 10-83 切换至"特效"功能区

步骤 20 ❶ 展开 Bling 选项卡；❷ 单击"星星闪烁Ⅱ"特效中的"添加到
轨道"按钮，如图 10-84 所示。

步骤 21 执行操作后，即可添加一个"星星闪烁Ⅱ"特效，拖曳特效右侧
的白色拉杆，调整特效时长，如图 10-85 所示。

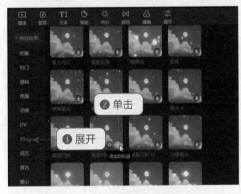

图 10-84 单击"添加到轨道"按钮

图 10-85 调整特效时长

步骤 22 在音频轨道中添加背景音乐，如图 10-86 所示。在预览窗口中播
放视频，即可查看制作的视频效果。

图 10-86 添加背景音乐

湘江风光

第 11 章

# 爆款文字：让你的作品具有高级感

■ **本章要点**

　　抖音上有许多热门、好玩、有创意的文字视频，想要让自己的短视频也拥有这些效果吗？本章将介绍文字分割插入效果、专属标识文字效果以及文字旋转分割效果的具体操作方法，让你的作品"巨"有高级感！

## 11.1　了解爆款文字的关键

　　文字可以为视频增色，并且能够很好地向观众传递视频信息和制作理念，也是视频后期剪辑中重要的一种艺术手段。当文字以各种字体、样式以及动画等形式出现在视频中时，更能为视频起到画龙点睛的作用。

　　抖音上的一些镂空文字、扫光文字、海报文字、粒子消散文字以及影片片头文字等火爆、热门的文字视频，看上去好像很难做，其实在剪映中就可以制作出来。图 11-1 所示为使用剪映制作出的一些爆款文字效果，这些爆款文字不仅可以应用到电影、综艺中，还可以应用到日常的 Vlog 和商业广告中。

图 11-1　剪映制作出的爆款文字效果

　　要想在剪映中制作出爆款文字，首先需要了解文字动画效果的制作方法。图 11-2 所示为剪映文字"动画"操作区，其中包括文字的入场动画、出场动画以及循环动画等效果，用户可以根据需要选择合适的动画效果，并设置动画的持续时长，使文字更有观赏性。

图 11-2　剪映文字"动画"操作区

　　除了通过为文字添加动画效果外，还可以在"文本"操作区的"基础"选项卡中为文字设置字体、样式、排列、描边以及阴影等；在文字不同的时间位置添加"缩放""位置"以及"旋转"等关键帧，可以让文字动起来。图 11-3 所示为"文本"操作区的"基础"选项卡。

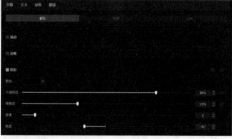

图 11-3　剪映"文本"操作区的"基础"选项卡

除了了解动画制作外，用户还需要了解文字合成效果的制作。在剪映中可以将文字做成背景颜色为黑色的视频导出备用，再通过"滤色"混合模式将文字视频中的黑色背景去除，对文字视频进行合成应用。文字合成是本章案例效果制作的关键所在，希望大家认真学习本章内容，举一反三、灵活应用。

## 11.2　综合实例：制作文字分割插入效果

扫一扫　看效果

扫一扫　看视频

【效果展示】在剪映中制作文字分割插入效果，需要先制作一个黑底的白色文字视频，然后使用"滤色"混合模式，并为文字视频添加矩形蒙版和关键帧，将文字中间的部分遮盖住，再在中间部分添加第 2 段文字，效果如图 11-4 所示。

图 11-4　文字分割插入效果展示

下面介绍使用剪映制作文字分割插入效果的操作步骤。

步骤 01　在剪映的字幕轨道上添加一个默认文本，并调整文本时长为 5 秒，如图 11-5 所示。

步骤 02　在"文本"操作区的"基础"选项卡中输入文本内容"似温柔弥漫"，

如图 11-6 所示。执行操作后，将文本导出为视频备用。

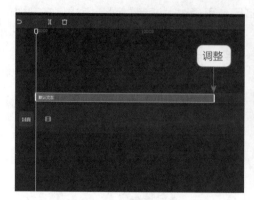

图 11-5　调整文本时长

图 11-6　输入文本内容

**步骤 03** 新建一个草稿文件，将文字视频和背景视频导入"媒体"功能区，如图 11-7 所示。

**步骤 04** ❶ 将背景视频添加到视频轨道上；❷ 将文字视频添加到画中画轨道上，如图 11-8 所示。

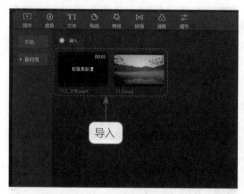

图 11-7　导入文字视频和背景视频

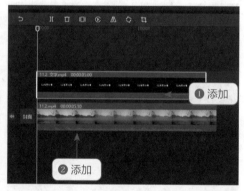

图 11-8　添加视频到轨道上

**步骤 05** 选择文字视频，在"画面"操作区的"基础"选项卡中，❶ 设置"混合模式"为"滤色"模式；❷ 设置"缩放"参数为 125%，如图 11-9 所示。

**步骤 06** 在"蒙版"选项卡中，❶ 选择"矩形"蒙版；❷ 设置"大小"的"长"参数为 1667、"宽"参数为 50；❸ 单击"反转"按钮，如图 11-10 所示，调整蒙版的大小及遮罩区域。

**步骤 07** ❶ 拖曳时间指示器至 00:00:00:20 的位置；❷ 添加一个默认文本并调整文本的结束位置与文字视频的结束位置对齐，如图 11-11 所示。

**步骤 08** 在"文本"操作区的"基础"选项卡中输入第 2 段文字内容，如图 11-12 所示。

图 11-9 设置"缩放"参数

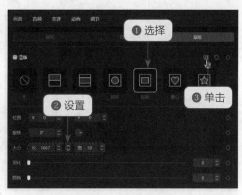

图 11-10 单击"反转"按钮

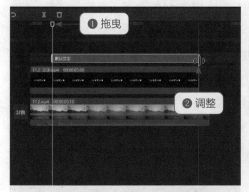

图 11-11 添加并调整文本时长

图 11-12 输入第 2 段文字内容

步骤 09 ❶ 在"排列"选项区中设置"字间距"参数为 4；❷ 在"位置大小"选项区中设置"缩放"参数为 28%，如图 11-13 所示，使第 2 段文字刚好置于第 1 段文字被遮盖的中间位置。

图 11-13 设置"缩放"参数

步骤 10 在"动画"操作区的"入场"选项卡中，❶ 选择"打字机 II"动画；❷ 设置"动画时长"参数为 2.0s，如图 11-14 所示，使文本逐字显示。

步骤 11 选择画中画轨道中的文字视频，将时间指示器拖曳至 00:00:02:15 的位置，如图 11-15 所示。

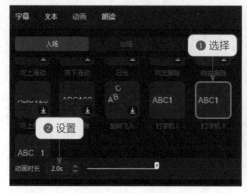

图 11-14　设置"动画时长"参数

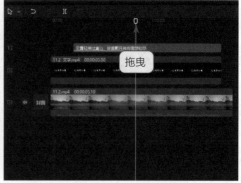

图 11-15　拖曳时间指示器

**步骤 12** 在"画面"操作区的"蒙版"选项卡中点亮"大小"右侧的关键帧◆，如图 11-16 所示。

**步骤 13** 将时间指示器拖曳至开始位置，在"画面"操作区的"蒙版"选项卡中设置"大小"的"长"参数为 1667、"宽"参数为 200，如图 11-17 所示，将第 1 段文字内容完全遮盖住，此时在开始位置会自动添加一个蒙版关键帧，生成一个文字从上下两端向中间滑动的动画。至此，文字分割插入效果的制作已完成。

图 11-16　点亮"大小"右侧的关键帧

图 11-17　设置"大小"参数

## 11.3 综合实例：制作专属标识文字效果

扫一扫　看效果

扫一扫　看视频

【效果展示】很多视频中都有自己专属的标识，在剪映中其实也可以通过贴纸和文字制作出来，然后将制作的文字视频与背景视频进行合成处理，为制作的专属标识添加动画效果即可，效果如图 11-18 所示。

图 11-18　专属标识文字效果展示

下面介绍使用剪映制作专属标识文字效果的操作步骤。

步骤 01 在"媒体"功能区的"素材库"选项卡中单击透明素材中的"添加到轨道"按钮，如图 11-19 所示。

步骤 02 执行操作后，即可将透明素材添加到视频轨道中，如图 11-20 所示。

图 11-19　单击"添加到轨道"按钮　　　图 11-20　添加透明素材

步骤 03 在"画面"操作区的"背景"选项卡中设置视频的背景颜色，如图 11-21 所示。

**步骤 04** 在"贴纸"功能区的"收藏"选项卡中单击所选方框中的"添加到轨道"按钮 **+**，如图 11-22 所示。

图 11-21　设置视频的颜色　　　　　　　图 11-22　单击"添加到轨道"按钮

**步骤 05** 执行操作后，即可将贴纸添加到轨道上，调整贴纸的时长与透明素材一致，如图 11-23 所示。

**步骤 06** 在"贴纸"操作区中设置"缩放"参数为 75%，如图 11-24 所示，适当调整贴纸的画面大小。

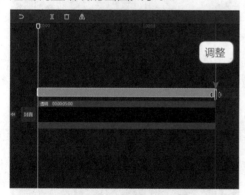

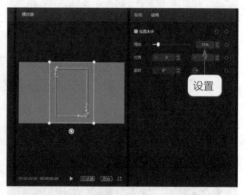

图 11-23　调整贴纸的时长　　　　　　　图 11-24　设置"缩放"参数

**步骤 07** 执行操作后，在字幕轨道上添加一个默认文本，并调整文本时长，如图 11-25 所示。

**步骤 08** 在"文本"操作区的"基础"选项卡中，❶ 输入文本内容"古舞"；❷ 设置一个合适的字体；❸ 设置"字间距"参数为 5；❹ 单击"对齐方式"右侧的第 4 个按钮 **▥**，如图 11-26 所示，设置文本竖向置顶对齐。

**步骤 09** 在"位置大小"选项区中，❶ 设置"缩放"参数为 187%；❷ 设置"位置"的 X 参数为 -217、Y 参数为 0，如图 11-27 所示。

**步骤 10** 复制制作的"古舞"文本，将其粘贴至第 2 条字幕轨道中，如图 11-28 所示。

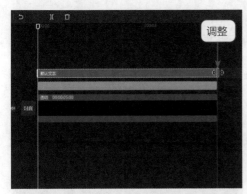

图 11-25　调整文本时长

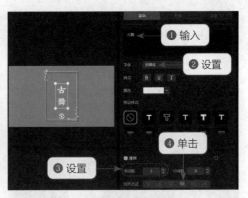

图 11-26　单击第 4 个按钮

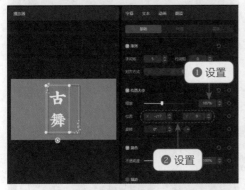

图 11-27　设置"位置"参数

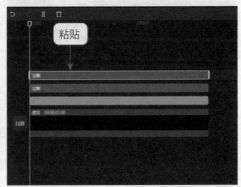

图 11-28　粘贴文本至第 2 条字幕轨道

步骤 11　在"文本"操作区的"基础"选项卡中，❶ 修改文本内容为"国风"；
❷ 设置"字间距"参数为 0、"行间距"参数为 5；❸ 单击"对齐方式"右侧的
第 2 个按钮，如图 11-29 所示，设置文本横向居中对齐。

步骤 12　在"位置大小"选项区中，❶ 设置"缩放"参数为 40%；❷ 设置"位
置"的 X 参数为 302、Y 参数为 382，如图 11-30 所示。

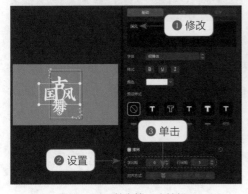

图 11-29　单击第 2 个按钮

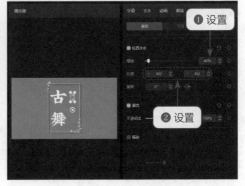

图 11-30　设置"位置"参数

步骤 13 在"气泡"选项卡中选择一个红底白字气泡，如图 11-31 所示。

步骤 14 复制制作的"古舞"文本，将其粘贴至第 3 条字幕轨道中，如图 11-32 所示。

图 11-31　选择一个红底白字气泡

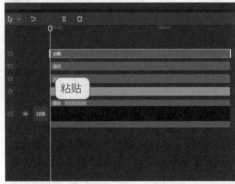

图 11-32　粘贴文本至第 3 条字幕轨道

步骤 15 在"基础"选项卡中，❶ 修改文本内容为"展现文化魅力"；❷ 修改"字间距"参数为 0，如图 11-33 所示。

步骤 16 在"位置大小"选项区中，❶ 设置"缩放"参数为 32%；❷ 设置"位置"的 X 参数为 330、Y 参数为 -304，如图 11-34 所示。

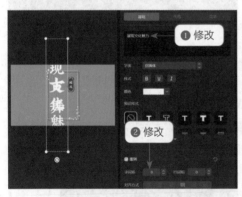

图 11-33　修改"字间距"参数

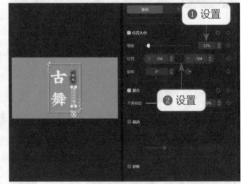

图 11-34　设置"位置"参数

步骤 17 复制"展现文化魅力"文本，将其粘贴至第 4 条字幕轨道中，在"基础"选项卡中修改文本内容为 zhan xian wen hua（即"展现文化"的拼音），如图 11-35 所示。

步骤 18 在"位置大小"选项区中，❶ 设置"缩放"参数为 22%；❷ 设置"位置"的 X 参数为 223、Y 参数为 -300，如图 11-36 所示。执行上述操作后，将文字导出为视频备用。

图 11-35　修改文本内容　　　　　　　　　　　图 11-36　设置"位置"参数

**步骤 19** 新建一个草稿文件，将文字视频和背景视频导入"媒体"功能区，如图 11-37 所示。

**步骤 20** 将两个视频分别添加到视频轨道和画中画轨道上，如图 11-38 所示。

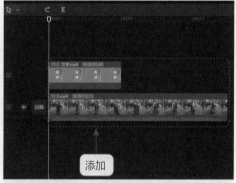

图 11-37　导入文字视频和背景视频　　　　　　图 11-38　添加两个视频到轨道上

**步骤 21** 选择画中画轨道中的文字视频，在"变速"操作区的"常规变速"选项卡中设置"时长"参数为 8.0s，如图 11-39 所示，调整文字视频的时长。

图 11-39　设置"时长"参数

步骤 **22** 在"画面"操作区的"抠像"选项卡中，❶ 勾选"色度抠图"复选框；❷ 单击"取色器"按钮 🖉；❸ 在预览窗口中选取背景颜色，如图 11-40 所示。

步骤 **23** 执行操作后，在"抠像"选项卡中设置"强度"参数为 10，如图 11-41 所示，抠取背景颜色。

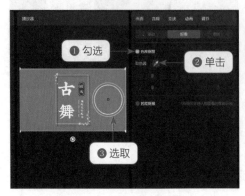

图 11-40　选取背景颜色

图 11-41　设置"强度"参数

步骤 **24** 拖曳时间指示器至 00:00:02:00 的位置，在"画面"操作区的"基础"选项卡中点亮"缩放"和"位置"右侧的关键帧 ◆，如图 11-42 所示。

步骤 **25** 拖曳时间指示器至 00:00:03:00 的位置，在"画面"操作区的"基础"选项卡中，❶ 设置"位置"的 X 参数为 1217、Y 参数为 -592；❷ 设置"缩放"参数为 45%，如图 11-43 所示，将专属标识缩小并移至画面右下角。

图 11-42　点亮"缩放"和"位置"关键帧

图 11-43　设置"缩放"参数

步骤 **26** 在 00:00:02:00 和 00:00:03:00 的位置处，❶ 单击分割按钮；❷ 将画中画轨道中的文字视频分割为 3 段，如图 11-44 所示。

步骤 **27** 选择分割的第 1 段文字视频，在"动画"操作区的"入场"选项卡中，❶ 选择"缩小"动画；❷ 设置"动画时长"参数为 1.0s，如图 11-45 所示。

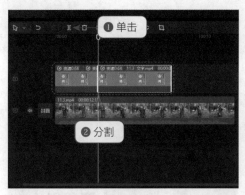

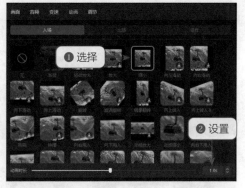

图 11-44　将文字视频分割为 3 段　　　　　图 11-45　设置"动画时长"参数

**步骤 28** 选择分割的第 3 段文字视频，在"动画"操作区的"组合"选项卡中选择"方片转动 Ⅱ"动画，如图 11-46 所示。执行操作后，即可完成专属标识文字效果的制作。

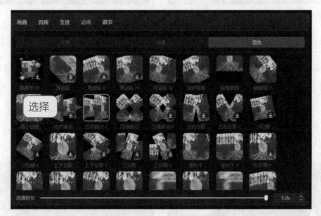

图 11-46　设置"动画时长"参数

## 11.4　练习实例：制作文字旋转分割效果

扫一扫　看效果　　　　　　　　　　扫一扫　看视频

【效果展示】在剪映中制作文字旋转分割效果，需要先制作 3 个文字视频，并应用"正片叠底"混合模式、"矩形"蒙版及关键帧等功能，效果如图 11-47所示。

图 11-47　文字旋转分割效果展示

下面介绍使用剪映制作文字旋转分割效果的操作步骤。

步骤 01 在剪映的字幕轨道上添加一个默认文本，并调整文本时长为00:00:05:16，如图 11-48 所示。

步骤 02 在"文本"操作区的"基础"选项卡中输入文本内容"落日与晚风"，如图 11-49 所示。

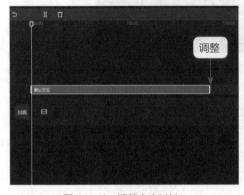

图 11-48　调整文本时长　　　　　　　　图 11-49　输入文本内容

步骤 03 在"位置大小"选项区中，❶ 设置"缩放"参数为 500%；❷ 设置"位置"的 X 参数为 4250、Y 参数为 0；❸ 点亮"位置"右侧的关键帧◆，如图 11-50 所示，在开始位置显示第一个字。

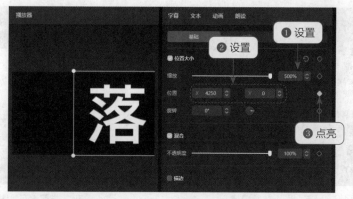

图 11-50 点亮"位置"右侧的关键帧

**步骤 04** 将时间指示器拖曳至结束位置，在"文本"操作区的"基础"选项卡中设置"位置"的 X 参数为 -4250、Y 参数为 0，如图 11-51 所示，在结束位置显示最后一个字。执行操作后，将文本导出为视频备用。

**步骤 05** 在"文本"操作区的"基础"选项卡中，❶ 单击"颜色"下拉按钮；❷ 在弹出的颜色面板中选择第 3 行第 4 个色块，如图 11-52 所示，设置字体颜色为粉色。

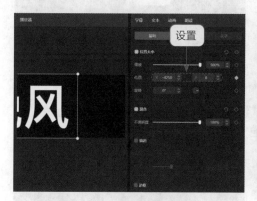

图 11-51 设置"位置"参数

图 11-52 选择第 3 行第 4 个色块

**步骤 06** 在视频轨道中添加一个背景视频，如图 11-53 所示。

**步骤 07** 在预览窗口中可以查看画面效果，如图 11-54 所示。执行操作后，将添加了背景视频的文本导出为视频备用。

**步骤 08** 在字幕轨道中将文本删除，如图 11-55 所示，留下背景视频备用。

**步骤 09** 在"媒体"功能区中导入前面导出的黑底白字视频，如图 11-56 所示。

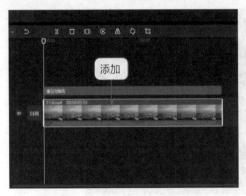

图 11-53　添加一个背景视频

图 11-54　查看画面效果

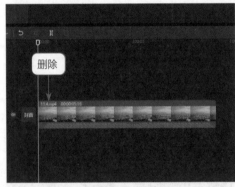

图 11-55　将文本删除

图 11-56　导入黑底白字视频

步骤 10　将文字视频添加到画中画轨道中，如图 11-57 所示。

步骤 11　在"画面"操作区的"基础"选项卡中设置"混合模式"为"正片叠底"模式，如图 11-58 所示，制作镂空文字。执行上述操作后，将镂空文字导出为视频备用。

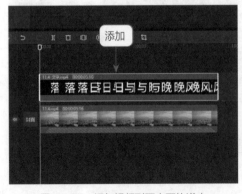

图 11-57　添加视频到画中画轨道中

图 11-58　设置"正片叠底"模式

**步骤 12** 新建一个草稿文件，将粉色文字视频和镂空文字视频导入"媒体"功能区中，如图 11-59 所示。

**步骤 13** ❶ 将粉色文字视频添加到视频轨道中；❷ 将镂空文字添加到画中画轨道中，如图 11-60 所示。

图 11-59　导入 2 个视频

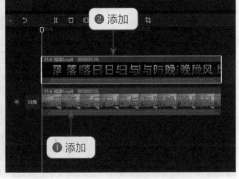

图 11-60　将视频添加到对应的轨道中

**步骤 14** 选择画中画轨道中的镂空文字视频，在"蒙版"选项卡中，❶ 选择"矩形"蒙版；❷ 设置"旋转"参数为 -15°；❸ 设置"大小"的"长"参数为 2300、"宽"参数为 355；❹ 点亮"旋转"和"大小"右侧的关键帧◆，如图 11-61 所示，在开始位置处设置蒙版的旋转角度和大小。

图 11-61　点亮"旋转"和"大小"关键帧

**步骤 15** 拖曳时间指示器至 00:00:02:00 的位置，在"蒙版"选项卡中，❶ 设置"旋转"参数为 180°；❷ 设置"大小"的"长"参数为 2300、"宽"参数为 335，如图 11-62 所示。

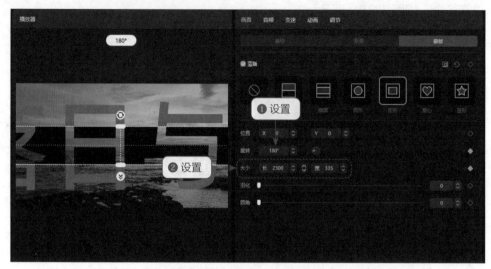

图 11-62　设置"大小"参数

步骤 16 拖曳时间指示器至 00:00:04:00 的位置，在"蒙版"选项卡中设置"大小"的"长"参数为 2300、"宽"参数为 1080，如图 11-63 所示。至此，完成文字旋转分割效果的制作。

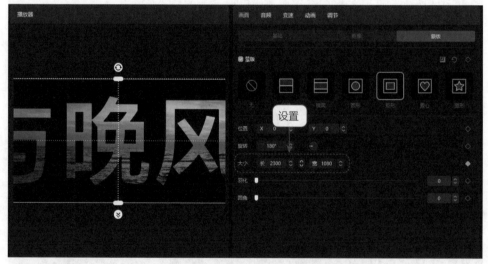

图 11-63　设置"大小"参数

浪漫巴厘岛

# 第 12 章

# 热门 Vlog：百万流量秒变视频达人

■ **本章要点**

Vlog 是 Video Weblog 或 Video Blog 的简称，其大意为用视频记录生活或日常，即通过拍摄视频的方式来记录日常生活中的点滴画面。不管是记录一次下班回家的过程，还是一场旅行，都可以成为 Vlog 的拍摄主题。

## 12.1　了解 Vlog 的制作要点

在剪映中制作 Vlog 视频，需要用户熟练掌握剪映各项功能的应用，如"文本""特效""变速""滤镜""调节""转场"以及"贴纸"等功能。

文本字幕有着解说视频内容的作用，在剪映中制作 Vlog 视频时，用户可以在"文本"功能区中为视频添加文本，向观众传达自己的想法、心情以及心得体会等。

除此以外，用户还可以在"特效"功能区中选择需要的特效，丰富自己的视频画面，制作出炫酷的 Vlog 视频效果。

在剪辑过程中，如果发现拍摄的素材时长过长或过短时，可能需要调整素材的播放速度，可以在"变速"操作区中对素材进行变速处理，"变速"操作区如图 12-1 所示。

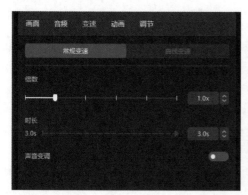 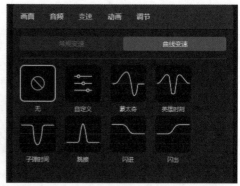

图 12-1　"变速"操作区

"变速"操作区中有两种变速模式，一种是"常规变速"模式，用户可以通过调整"倍数"参数或"时长"参数来调整素材播放的速度，同时也能使素材的时长变长或缩短；另一种是"曲线变速"模式，剪映提供了多种变速的预设选项，包括蒙太奇、英雄时刻、子弹时间、跳接、闪进以及闪出等，还可以自定义变速，使素材在不同的时间位置变快或变慢。

当拍摄的素材受到环境、灯光等因素影响，导致画面色彩不够浓郁、整体色调不够好看时，可以通过剪映的"滤镜"功能和"调节"功能对素材进行调色处理。图 12-2 所示为"滤镜"功能区和"调节"功能区。

在"滤镜"功能区中提供了上百种滤镜，并且为各个滤镜进行了选项分类，用户可以根据需要选择合适的滤镜进行使用。

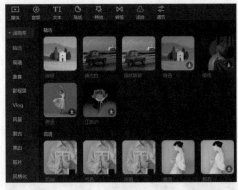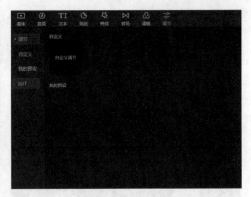

图 12-2　"滤镜"功能区和"调节"功能区

在"调节"功能区中，单击"自定义调节"中的"添加到轨道"按钮 ，即可添加一个"调节"效果；在"调节"操作区中，可以调整素材的亮度、对比度、色温、色调、高光以及阴影等，"调节"操作区如图 12-3 所示。

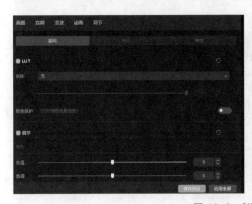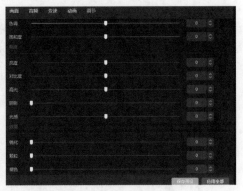

图 12-3　"调节"操作区

在"转场"功能区中，用户可以选择合适的转场，在每两个素材之间进行使用，使素材与素材之间可以过渡得更加顺畅，"转场"功能区如图 12-4 所示。

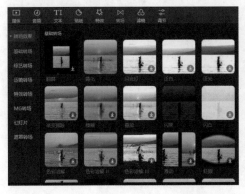

图 12-4　"转场"功能区

为 Vlog 视频添加贴纸，可以使观众的视觉感受更加具体、丰富。"贴纸"功能区如图 12-5 所示。对于好看、好用以及常用的贴纸，用户可以将其收藏起来，方便下次使用，还可以在搜索栏中搜索需要的贴纸。

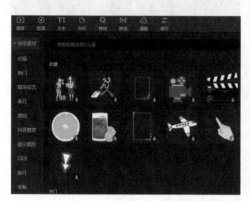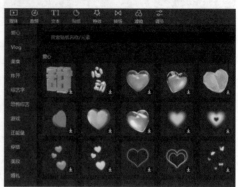

图 12-5 "贴纸"功能区

## 12.2 综合实例：制作《下班回家》生活视频

扫一扫 看效果

扫一扫 看视频

【效果展示】本实例介绍的是制作《下班回家》的 Vlog 生活视频，记录的是自己走过的路、看到的车流、路上的灯光以及风景等，通过剪映的"变速""转场""特效"以及"文本"等功能，对视频进行后期剪辑，效果如图 12-6 所示。

图 12-6 《下班回家》生活视频效果展示

图 12-6（续）

下面介绍使用剪映制作《下班回家》Vlog 生活视频的操作步骤。

步骤 01 在剪映中导入一段背景音乐和 4 个视频素材，如图 12-7 所示。

步骤 02 将 4 个视频素材和背景音乐分别添加到视频轨道和音频轨道中，如图 12-8 所示。

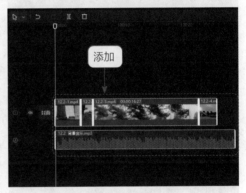

<table>
<tr><td>图 12-7 导入素材文件</td><td>图 12-8 添加素材文件</td></tr>
</table>

步骤 03 通过拖曳素材右侧的白色拉杆的方式，将第 1 个视频的时长调整为 00:00:03:00、将第 3 个视频的时长调整为 00:00:05:05，如图 12-9 所示。

步骤 04 选择第 2 个视频，在"变速"操作区的"常规变速"选项卡中设置"倍数"参数为 0.5x，如图 12-10 所示，将视频的播放速度调慢。

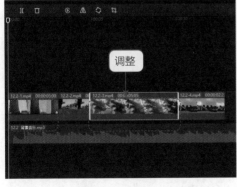
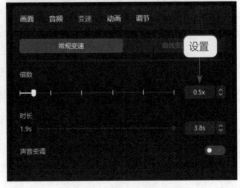

<table>
<tr><td>图 12-9 调整第 1 个和第 3 个视频的时长</td><td>图 12-10 设置"倍数"参数</td></tr>
</table>

步骤 05 选择第 4 个视频,在"变速"操作区的"常规变速"选项卡中设置"时长"参数为 3.0s,如图 12-11 所示,将视频的时长拉长。

步骤 06 ❶ 将时间指示器拖曳至 00:00:14:00 的位置处; ❷ 选择背景音乐; ❸ 单击"分割"按钮 ,如图 12-12 所示,对背景音乐进行分割。

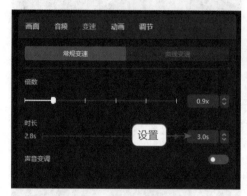

图 12-11 设置"时长"参数

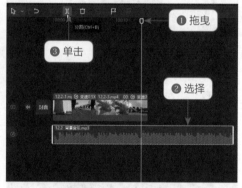

图 12-12 单击"分割"按钮

步骤 07 ❶ 选择分割的后半段音乐; ❷ 单击"删除"按钮 ,如图 12-13 所示,将多余的音频删除。

步骤 08 拖曳时间指示器至第 1 个视频和第 2 个视频之间,如图 12-14 所示。

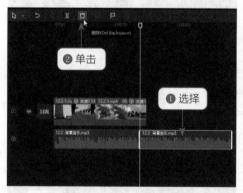

图 12-13 单击"删除"按钮

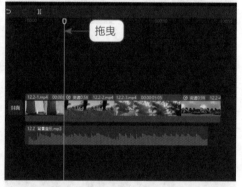

图 12-14 拖曳时间指示器

步骤 09 在"转场"功能区的"运镜转场"选项卡中单击"逆时针旋转"转场中的"添加到轨道"按钮 ,如图 12-15 所示。

步骤 10 执行操作后,即可在第 1 个视频和第 2 个视频之间添加"逆时针旋转"转场,如图 12-16 所示。

图 12-15　单击"添加到轨道"按钮

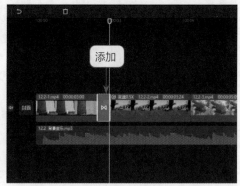

图 12-16　添加"逆时针旋转"转场

步骤 11 拖曳时间指示器至第 2 个视频和第 3 个视频之间，在"转场"功能区的"运镜转场"选项卡中单击"向下"转场中的"添加到轨道"按钮 ，如图 12-17 所示，即可在第 2 个视频和第 3 个视频之间添加"向下"转场。

步骤 12 拖曳时间指示器至第 3 个视频和第 4 个视频之间，在"转场"功能区的"特效转场"选项卡中单击"炫光 Ⅱ"转场中的"添加到轨道"按钮 ，如图 12-18 所示，即可在第 3 个视频和第 4 个视频之间添加"炫光 Ⅱ"转场。

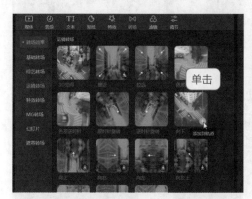

图 12-17　单击"添加到轨道"按钮

图 12-18　单击"添加到轨道"按钮

步骤 13 选择添加的转场，在"转场"操作区中将 3 个转场的"时长"参数均设置为 1.0s，如图 12-19 所示。

步骤 14 将时间指示器拖曳至开始位置处，在"特效"功能区的"基础"选项卡中选择"变清晰"特效，如图 12-20 所示。

步骤 15 将选择的"变清晰"特效添加到视频轨道的上方，并调整特效时长为两秒左右（即第 1 个转场的开始位置），如图 12-21 所示。

步骤 16 将时间指示器拖曳至两秒处，在"特效"功能区的"氛围"选项卡中选择"星火"特效，如图 12-22 所示。

图 12-19　设置转场的"时长"参数

图 12-20　选择"变清晰"特效

图 12-21　添加"变清晰"特效并调整时长

图 12-22　选择"星火"特效

步骤 17 将选择的"星火"特效添加到视频轨道的上方，并调整特效时长，使其与最后一个视频的结束位置对齐，如图 12-23 所示。

步骤 18 在时间指示器的位置处添加 1 个默认文本，如图 12-24 所示。

图 12-23　添加"星火"特效并调整时长

图 12-24　添加 1 个默认文本

**步骤 19** 在"文本"操作区的"基础"选项卡中，❶ 输入第 1 段文本；❷ 设置一个合适的字体，如图 12-25 所示。

**步骤 20** 在预览窗口中调整文本的位置和大小，如图 12-26 所示。

图 12-25　输入第 1 段文本

图 12-26　调整文本的位置和大小

**步骤 21** 在"动画"操作区的"入场"选项卡中，❶ 选择"模糊"动画；❷ 设置"动画时长"参数为 1.5s，如图 12-27 所示。

**步骤 22** ❶ 将时间指示器拖曳至 00:00:06:09 的位置（即第 2 个转场的结束位置）；❷ 复制制作的第 1 个文本并粘贴在时间指示器的位置，如图 12-28 所示。

图 12-27　设置"动画时长"参数

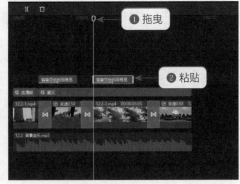
图 12-28　复制并粘贴文本

**步骤 23** 在"文本"操作区的"基础"选项卡中删除原来的内容，输入第 2 段文本，如图 12-29 所示。

**步骤 24** 使用相同的方法，❶ 将时间指示器拖曳至第 3 个转场的开始位置处；❷ 制作第 3 个文本并修改文本的内容，如图 12-30 所示。至此，完成《下班回家》Vlog 生活视频的制作。

图 12-29　输入第 2 段文本

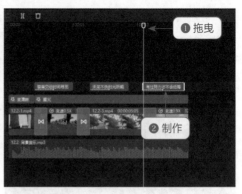

图 12-30　制作第 3 个文本

## 12.3　综合实例：制作《唯美清新》文艺视频

扫一扫　看效果

扫一扫　看视频

【效果展示】制作《唯美清新》的 Vlog 文艺视频，主要通过剪映的"叠化"转场、"仲夏"滤镜、"调节"效果、"文本"功能以及"识别歌词"功能等对拍摄的多段文艺视频进行剪辑加工，制作出唯美清新的文艺视频，效果如图 12-31 所示。

图 12-31　《唯美清新》文艺视频效果展示

下面介绍使用剪映制作《唯美清新》Vlog 文艺视频的操作步骤。

**步骤 01** 在剪映中导入一段背景音乐和 3 个视频素材，如图 12-32 所示。

**步骤 02** 将 3 个视频素材和背景音乐分别添加到视频轨道和音频轨道中，如图 12-33 所示。

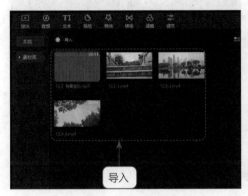

图 12-32　导入素材文件

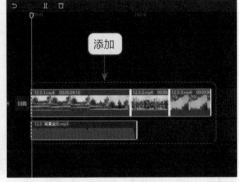

图 12-33　添加素材文件

**步骤 03** 通过拖曳素材右侧的白色拉杆的方式，将第 1 个视频的时长调整为 00:00:06:25、将第 2 个视频和第 3 个视频的时长均调整为 00:00:02:00，如图 12-34 所示。

**步骤 04** 在"转场"功能区的"基础转场"选项卡中单击"叠化"转场中的"添加到轨道"按钮，如图 12-35 所示。

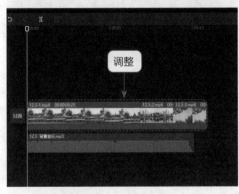

图 12-34　调整视频的时长

图 12-35　单击"添加到轨道"按钮

**步骤 05** 执行操作后，即可在第 1 个视频和第 2 个视频之间添加一个"叠化"转场，如图 12-36 所示。

**步骤 06** 在"转场"操作区中，❶ 设置转场"时长"为 0.5s；❷ 单击"应用全部"按钮，如图 12-37 所示。

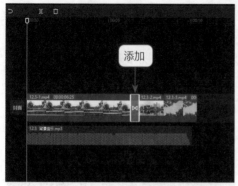

图 12-36　添加"叠化"转场

图 12-37　单击"应用全部"按钮

**步骤 07** 执行操作后，即可在每个视频之间都添加一个"叠化"转场，如图 12-38 所示。

**步骤 08** 在"滤镜"功能区的"风景"选项卡中单击"仲夏"滤镜中的"添加到轨道"按钮，如图 12-39 所示。

图 12-38　自动添加"叠化"转场

图 12-39　单击"添加到轨道"按钮

**步骤 09** 执行上述操作后，即可在视频轨道的上方添加一个"仲夏"滤镜，如图 12-40 所示。

**步骤 10** 切换至"调节"功能区；单击"自定义调节"中的"添加到轨道"按钮，如图 12-41 所示。

**步骤 11** 执行操作后，即可在滤镜的上方添加"调节 1"效果，如图 12-42 所示。

**步骤 12** 在预览窗口中可以查看添加"仲夏"滤镜后还未调色的视频效果，如图 12-43 所示。

**步骤 13** 在"调节"操作区中设置"色温"参数为 -15，如图 12-44 所示，使画面整体偏蓝一些。

图 12-40 添加一个"仲夏"滤镜

图 12-41 单击"添加到轨道"按钮

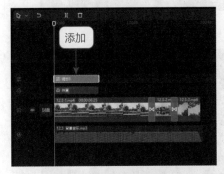

图 12-42 添加"调节 1"效果

图 12-43 查看未调色的视频效果

图 12-44 设置"色温"参数

步骤 14 设置"饱和度"参数为 15，如图 12-45 所示，使画面中的色彩更加浓郁。

步骤 15 设置"亮度"参数为 -8，如图 12-46 所示，将画面亮度稍微降低一些。

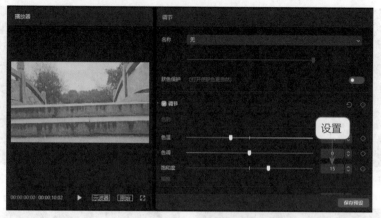

图 12-45　设置"饱和度"参数

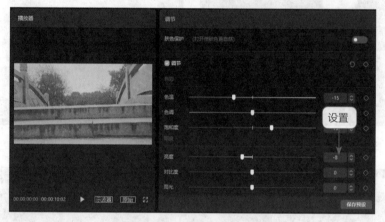

图 12-46　设置"亮度"参数

**步骤 16** 设置"对比度"参数为 8，如图 12-47 所示，使画面中的明暗对比更加明显一点。

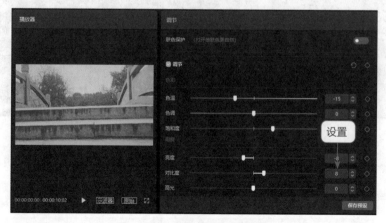

图 12-47　设置"对比度"参数

**步骤 17** 设置"高光"参数为 -20，如图 12-48 所示，降低画面中的曝光度。

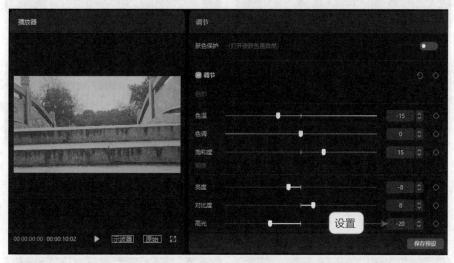

图 12-48　设置"高光"参数

**步骤 18** 设置"光感"参数为 -15，如图 12-49 所示，降低画面中的光线亮度。

图 12-49　设置"光感"参数

**步骤 19** 完成调色后，在轨道中分别调整"调节 1"效果和"仲夏"滤镜的时长，如图 12-50 所示。

**步骤 20** ❶ 切换至"文本"功能区的"识别歌词"选项卡；❷ 单击"开始识别"按钮，如图 12-51 所示。

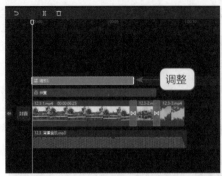

图 12-50　调整效果和滤镜的时长

图 12-51　单击"开始识别"按钮

**步骤 (21)** 稍等片刻，即可自动生成歌词字幕，如图 12-52 所示。

**步骤 (22)** 在"文本"操作区的"基础"选项卡中设置一个合适的字体，如图 12-53 所示。

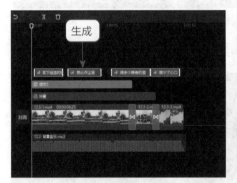

图 12-52　生成歌词字幕

图 12-53　设置一个合适的字体

**步骤 (23)** 在"排列"选项区中设置"字间距"参数为 5，如图 12-54 所示。

**步骤 (24)** ❶ 切换至"气泡"选项卡；❷ 选择合适的气泡模板，如图 12-55 所示。

图 12-54　设置"字间距"参数

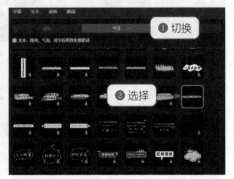

图 12-55　选择合适的气泡模板

**步骤 25** 在预览窗口中可以调整歌词字幕的大小和位置，如图 12-56 所示。

**步骤 26** 在"动画"操作区的"循环"选项卡中选择"晃动"动画，如图 12-57 所示。

图 12-56　调整歌词字幕的大小和位置

图 12-57　选择"晃动"动画

**步骤 27** 使用相同的方法为其他几段歌词字幕添加"晃动"动画效果，如图 12-58 所示。至此，完成文艺视频的制作。

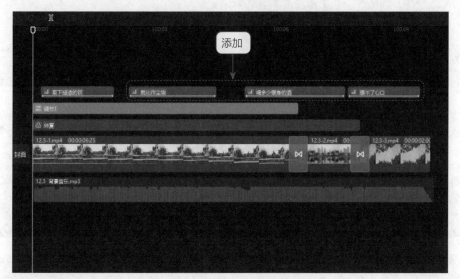

图 12-58　为其他歌词字幕添加动画效果

## 专家提醒

为歌词字幕添加动画效果后，轨道中的字幕底部会显示一条白色的线，表示该段字幕已经添加了动画效果。在"动画"操作区中，如果用户不喜欢"循环"选项卡中提供的动画效果，可以切换到"入场"和"出场"选项卡中，选择自己满意的字幕动画效果。

## 12.4 练习实例：制作《旅行大片》风光视频

扫一扫　看效果　　　　　　　　　　扫一扫　看视频

【效果展示】本实例介绍的是制作《旅行大片》风光视频的方法，其主要讲述的内容是在旅行时所拍摄到的风光美景，通过剪映的"运镜转场"功能、"开幕"特效、"调节"功能、"文本"功能以及"贴纸"功能等对视频进行后期剪辑加工，制作出具有大片范的风光旅行 Vlog 视频，效果如图 12-59 所示。

图 12-59　《旅行大片》风光视频效果展示

下面介绍使用剪映制作《旅行大片》Vlog 风光视频的操作步骤。

步骤 01 在剪映中导入一段背景音乐和 5 个视频素材，如图 12-60 所示。

步骤 02 将 5 个视频素材和背景音乐分别添加到视频轨道和音频轨道中，如图 12-61 所示。

图 12-60　导入素材文件　　　　　图 12-61　添加素材文件

步骤 03 通过拖曳素材右侧的白色拉杆的方式，将第 1 个视频的时长调整为 00:00:05:13、将第 2 个视频的时长调整为 00:00:03:06、将第 3 个视频的时长调整为 00:00:02:18、将第 4 个视频的时长调整为 00:00:02:23、将第 5 个视频的时长调整为 00:00:03:05，如图 12-62 所示。

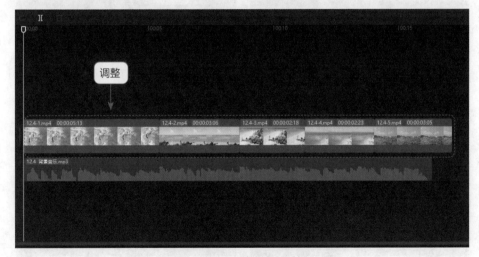

图 12-62　调整视频的时长

步骤 04 在"转场"功能区的"运镜转场"选项卡中单击"推近"转场中的"添加到轨道"按钮 ⊕，如图 12-63 所示。

步骤 05 执行操作后，即可在两个视频片段之间添加一个"推近"转场，如图 12-64 所示。

图 12-63　单击"添加到轨道"按钮

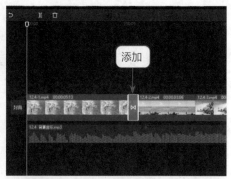

图 12-64　添加"推近"转场

步骤 06 将时间指示器拖曳至第 2 个视频与第 3 个视频之间，如图 12-65 所示。

步骤 07 在"转场"功能区中的"运镜转场"选项卡中单击"向左"转场中的"添加到轨道"按钮 ，如图 12-66 所示。

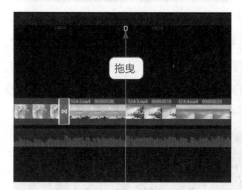

图 12-65　拖曳时间指示器

图 12-66　单击"添加到轨道"按钮

步骤 08 执行操作后，即可添加一个"向左"转场，如图 12-67 所示。

步骤 09 使用相同的方法在视频轨道中继续添加一个"向左下"转场和一个"逆时针旋转"转场，如图 12-68 所示。

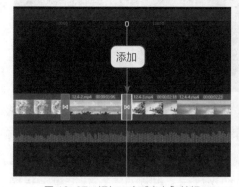

图 12-67　添加一个"向左"转场

图 12-68　添加两个转场

步骤 10 在"调节"功能区中单击"自定义调节"中的"添加到轨道"按钮，如图 12-69 所示。

步骤 11 在视频上方添加"调节 1"效果，并调整其时长，如图 12-70 所示。

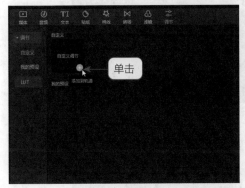 

图 12-69　单击"添加到轨道"按钮　　　图 12-70　调整"调节 1"效果的时长

步骤 12 在"调节"操作区中设置"饱和度"参数为 22，如图 12-71 所示，增强色彩浓度。

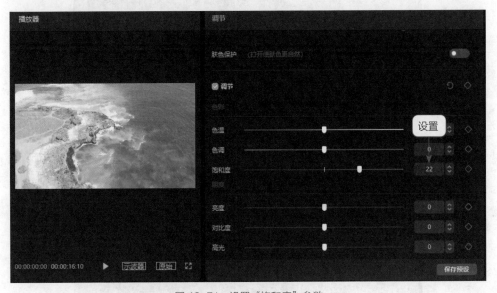

图 12-71　设置"饱和度"参数

步骤 13 设置"对比度"参数为 10，如图 12-72 所示，加强画面中的明暗对比。

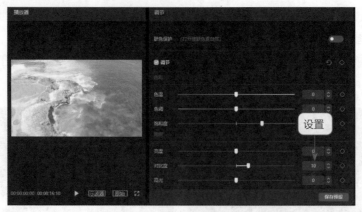

图 12-72 设置"对比度"参数

步骤 14 设置"高光"参数为 -6，如图 12-73 所示，降低曝光亮度。

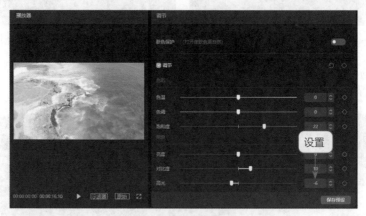

图 12-73 设置"高光"参数

步骤 15 设置"阴影"参数为 10，如图 12-74 所示，提高暗处的亮度。

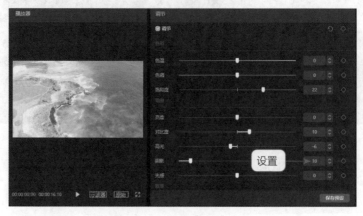

图 12-74 设置"阴影"参数

步骤 16 设置"光感"参数为 -5，如图 12-75 所示，稍微降低画面中的光线亮度。

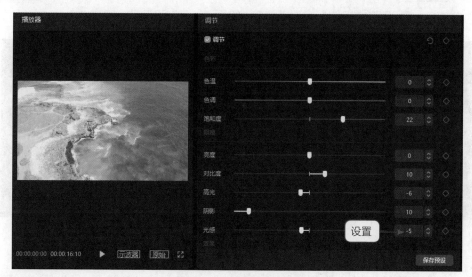

图 12-75 设置"光感"参数

➡ 专家提醒

　　用户在调整素材画面的色彩和明亮度时，可以先调整色温、色调以及饱和度，查看调整的画面色彩效果后，再根据需要调整画面的亮度、对比度、锐化、高光、阴影以及褪色等，这样更容易调整出自己想要的画面效果。

步骤 17 在开始位置处添加一个默认文本，如图 12-76 所示。通过拖曳白色拉杆的方式调整文本的时长，使其与第 1 个视频的时长保持一致。

步骤 18 在"文本"操作区的"基础"选项卡中，❶ 输入与拍摄地点相关的文本内容；❷ 设置一个合适的字体，如图 12-77 所示。

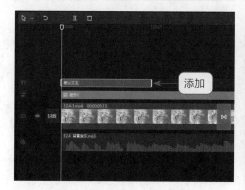

图 12-76 添加一个默认文本

图 12-77 设置一个合适的字体

步骤 19 在"排列"选项区中设置"字间距"参数为5，如图12-78所示。

步骤 20 在"描边"选项区中，❶勾选"描边"复选框；❷设置"颜色"为深青色；❸设置"粗细"参数为18，如图12-79所示。

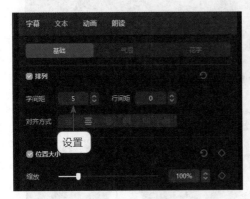

图 12-78 设置"字间距"参数

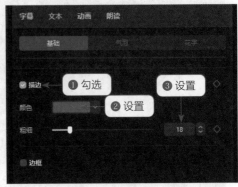

图 12-79 设置"粗细"参数

步骤 21 在预览窗口中可以查看制作的文本效果，如图12-80所示。

步骤 22 在"动画"操作区的"入场"选项卡中，❶选择"溶解"动画；❷设置"动画时长"参数为1.5s，如图12-81所示。

图 12-80 查看制作的文本效果

图 12-81 设置"动画时长"参数

步骤 23 在"动画"操作区的"出场"选项卡中，❶选择"向上溶解"动画；❷设置"动画时长"参数为1.0s，如图12-82所示。

步骤 24 将时间指示器拖曳至文本的结束位置处，如图12-83所示。

步骤 25 在"贴纸"功能区的Vlog选项卡中，单击闪动云朵贴纸中的"添加到轨道"按钮，如图12-84所示。

步骤 26 执行操作后，即可添加一个闪动云朵贴纸，并调整其时长与第2个视频的时长一致，如图12-85所示。

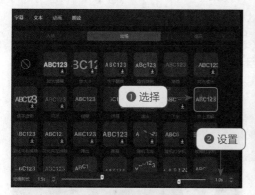

图 12-82 设置"动画时长"参数

图 12-83 拖曳时间指示器

图 12-84 单击"添加到轨道"按钮

图 12-85 调整贴纸的时长

步骤 27 在预览窗口中调整闪动云朵贴纸的大小和位置，如图 12-86 所示。

步骤 28 在"贴纸"操作区中点亮"位置"右侧的关键帧◆，如图 12-87 所示，在贴纸的开始位置添加一个关键帧。

图 12-86 调整贴纸的大小和位置

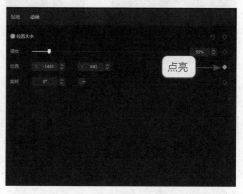

图 12-87 点亮"位置"右侧的关键帧

步骤 29 拖曳时间指示器至 00:00:08:10 的位置，如图 12-88 所示。

步骤 30 在"贴纸"操作区中修改"位置"的 X 参数为 -995，如图 12-89 所示，此时"位置"右侧的关键帧 会自动点亮。

图 12-88　拖曳时间指示器

图 12-89　修改"位置"的 X 参数

步骤 31 将时间指示器拖曳至第 4 个视频的开始位置，在"贴纸"功能区的 Vlog 选项卡中单击太阳贴纸中的"添加到轨道"按钮 ，如图 12-90 所示。

步骤 32 执行操作后，即可添加一个太阳贴纸，并调整其时长与第 4 个视频的时长一致，如图 12-91 所示。

图 12-90　单击"添加到轨道"按钮

图 12-91　调整贴纸的时长

步骤 33 将时间指示器拖曳至第 5 个视频的开始位置，在"贴纸"功能区的"旅行"选项卡中单击"旅途未完待续"文字贴纸中的"添加到轨道"按钮 ，如图 12-92 所示。

步骤 34 执行操作后，即可添加一个文字贴纸，并调整其时长与第 5 个视频的时长一致，如图 12-93 所示。

图 12-92　单击"添加到轨道"按钮

图 12-93　调整贴纸的时长

步骤 35　贴纸添加完成后，在预览窗口中分别调整两个贴纸的大小和位置，如图 12-94 所示。

图 12-94　调整两个贴纸的大小和位置

步骤 36　将时间指示器拖曳至开始位置，在"特效"功能区的"基础"选项卡中单击"开幕"特效中的"添加到轨道"按钮，如图 12-95 所示。

步骤 37　执行操作后，即可添加一个"开幕"特效，如图 12-96 所示，完成风光视频的制作。

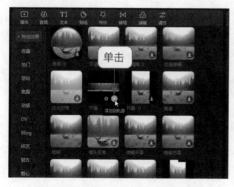

图 12-95　单击"添加到轨道"按钮

图 12-96　添加一个"开幕"特效